普通高等院校"十三五"规划教材

PKPM 软件在建筑结构毕业设计中的应用与实例

王晓飞　王鹏飞　编著

黄河水利出版社

·郑州·

内 容 提 要

本书紧密结合现行建筑结构设计所需规范,介绍了 PKPM 软件(2010 版)在结构设计中的应用。本书的内容主要包括绪论,建筑工程概况,PMCAD 建模与荷载输入,SATWE 结构内力与配筋计算分析,板、梁、柱施工图设计输出,JCCAD 独立基础设计以及 LTCAD 普通楼梯设计七大部分。

本书适合本科、大专院校土木工程专业学生、建筑结构设计人员以及 PKPM 软件的初学者参考使用。

图书在版编目(CIP)数据

PKPM 软件在建筑结构毕业设计中的应用与实例/王晓飞,王鹏飞编著.—郑州:黄河水利出版社,2018.10
普通高等院校"十三五"规划教材
ISBN 978 - 7 - 5509 - 2201 - 3

Ⅰ.①P… Ⅱ.①王…②王… Ⅲ.①建筑结构 - 计算机辅助设计 - 应用软件 Ⅳ.①TU311.41

中国版本图书馆 CIP 数据核字(2018)第 253244 号

出 版 社:黄河水利出版社
地址:河南省郑州市顺河路黄委会综合楼 14 层 邮政编码:450003
发行单位:黄河水利出版社
发行部电话:0371 - 66026940、66020550、66028024、66022620(传真)
E-mail:hhslcbs@126.com
承印单位:河南承创印务有限公司
开本:787 mm×1 092 mm 1/16
印张:10.25
字数:237 千字 印数:1—2 000
版次:2018 年 10 月第 1 版 印次:2018 年 10 月第 1 次印刷
定价:25.00 元

前 言

编者在指导建筑结构毕业设计时发现，许多学生只是机械性地学会了 PKPM 软件操作，但还存在结构设计概念不清晰、软件中参数的选取不明确、结构设计所涉及的规范条文不理解、结构设计结果出现问题不知怎样处理等问题。基于此，编者针对土木工程专业学生的特点，以结构设计理论为基础，以规范准则为依据，以实例为切入点，深入浅出地介绍了利用 PKPM 软件进行建筑结构毕业设计的完整过程。

本书利用精炼的文字、翔实的图片对整体结构模型建造、板梁柱施工图设计与输出、独立基础设计以及普通楼梯设计的过程，PKPM 软件中主要参数的含义及其在规范规程中的取值依据，以及结构计算结果出现问题时的处理措施等进行了系统的介绍。

由于编者水平有限，书中难免存在疏漏或不足之处，恳请广大读者提出宝贵意见，编者不胜感激。

编 者
2018 年 8 月

目 录

1　绪　论

1.1　利用 PKPM 软件进行建筑结构毕业设计的意义

毕业设计是土木工程专业本科教育阶段最后一个综合性实践教学环节,在此环节中学生可以运用四年来所学的基本知识和专业技能进行实际训练,既可提高分析和解决实际工程问题的能力,也为进入设计、施工和管理等领域工作奠定基础。

目前,大部分土木工程专业的师生在选择毕业设计题目时,往往倾向于建筑结构设计类题目,这类设计题目的优点是:

(1)可以很好地考察、训练学生的专业知识。

(2)可以采用真题真做模式,也可采用假题真做模式,方式较为灵活。

(3)不需要团队合作,一人一题即可,可以最大限度地考察、训练学生的专业知识。

为了完成建筑结构毕业设计,一部分学生会选择手算手绘施工图的模式,而大部分学生则会选择利用 PKPM 软件进行辅助设计。如果利用手算手绘施工图的模式进行建筑结构毕业设计,虽然可以最大程度地训练学生的专业知识基本功,但其中手算与手绘施工图属于低效劳动,实际设计市场早已淘汰了此类设计方式。而目前,PKPM 软件在国内设计行业中占有绝对优势,拥有用户上万家,市场占有率高达 90% 以上,已成为国内应用最为普遍的 CAD 系统。在建筑结构毕业设计中采用 PKPM 软件进行辅助设计,不仅对学生结构设计理论知识进行了全面系统的考查,并且实现了与实际设计市场的接轨。

1.2　利用 PKPM 软件进行建筑结构设计需注意的关键问题

PKPM 软件是一个系列软件,除集建筑、结构、设备(给排水、采暖、通风空调、电气)设计于一体的集成化 CAD 系统外,还有建筑概预算系列(钢筋计算、工程量计算、工程计价)、施工系列(投标系列、安全计算系列、施工技术系列),以及施工企业信息化(目前全国很多特级资质的企业都在使用 PKPM 的信息化系统)。此外,PKPM 近年来在建筑节能和绿色建筑领域做了多方面的拓展,在节能、节水、节地、节材、保护环境等方面发挥了重要作用。PKPM 软件主界面如图 1-1 所示。

尽管 PKPM 软件的功能强大,但软件本身在建筑结构设计过程中仅作为辅助设计工具,对于建模、分析计算过程中参数与步骤的选取、构件的布置等人机交互输入,还需要设计人员决断,其中一个参数或是环节出现问题,都将造成计算结果有误。而一旦计算结果不理想,设计人员必须有分析且能解决问题的能力。由此可见,设计人员才是建筑结构设计的核心。

一名合格的结构设计人员不仅需要具有丰富且扎实的结构设计理论知识、熟练的软

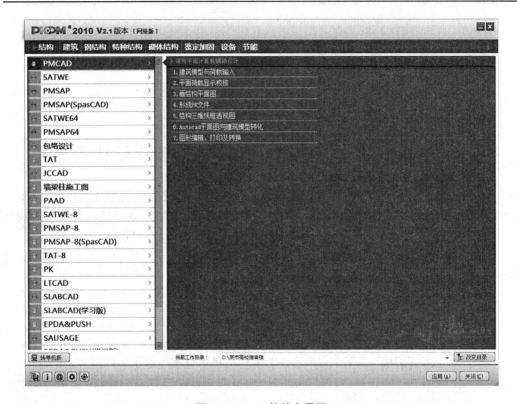

图 1-1　PKPM 软件主界面

件操作技能,还需要具有能够利用结构设计理论知识正确理解 PKPM 软件中各参数的含义并针对不同的工程情况选取合适的参数,以及对结构计算结果正确分析并针对问题提出解决方案的能力。

1.3　PKPM 结构系列软件中的常用模块

　　PKPM 结构系列软件采用人机交互方式,操作简单,功能强大,主要分为 PMCAD、SATWE(或 SATWE‒8)、墙梁柱施工图、JCCAD 和 LTCAD 等模块。

　　以民用建筑物的结构设计为例,通常进行的设计内容有:

　　(1)通过 PMCAD 进行结构数据的输入,建立整个建筑物的结构模型。

　　(2)通过 SATWE 等模块进行建筑物的截面配筋计算、抗震验算等。

　　(3)利用 PMCAD 模块中"画结构平面图"模块对楼板进行计算并绘制施工图,利用墙梁柱施工图模块绘制墙梁柱构件的施工图。

　　(4)利用 JCCAD 模块对基础进行配筋计算,并绘制施工图。

　　(5)利用 LTCAD 模块对楼梯进行配筋计算,并绘制施工图。

1.3.1　PMCAD 模块

　　PMCAD,即结构平面 CAD 软件,是整个结构计算软件的核心,也是其他软件的重要接口,如图 1-1 所示。通过 PMCAD 可以建立工程结构模型,为其他模块提供几何数据和荷载数据,并绘制结构平面图。

1.3.2　SATWE(或 SATWE-8)模块

SATWE 模块是多层及高层建筑结构空间有限元分析与设计模块,其主要功能是对多层及高层建筑结构进行内力与配筋计算。该模块具有模型化误差小、分析精度高、计算速度快、解题能力强等特点。

SATWE 模块分为多层版本(SATWE-8)和高层版本(SATWE),如图 1-2、图 1-3 所示。SATWE-8 适用于 8 层及以下结构计算分析,SATWE 适用于 200 层以下的结构计算分析。

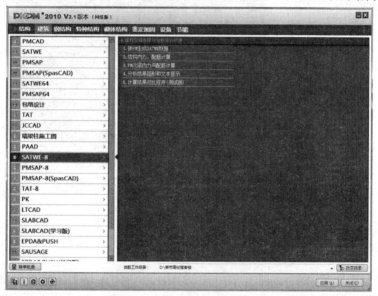

图 1-2　SATWE-8 模块

图 1-3　SATWE 模块

1.3.3　墙梁柱施工图模块

墙梁柱施工图模块主要用于绘制梁平法施工图、柱平法施工图、剪力墙施工图以及一榀框架施工图等,如图 1-4 所示。

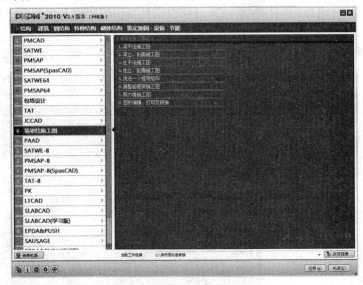

图 1-4　墙梁柱施工图模块

1.3.4　JCCAD 模块

JCCAD 模块是 PKPM 结构系列软件中的基础设计软件,这个软件对包括柱下独立基础、砖混结构墙下条形基础、筏板式基础及桩基础等各种基础的结构进行计算和施工图设计,如图 1-5 所示。

图 1-5　JCCAD 模块

1.3.5　LTCAD 模块

LTCAD 采用交互方式布置楼梯或直接从 PMCAD 接口读入数据,适用于一跑、二跑、多跑等各种类型楼梯的辅助设计,可以完成楼梯内力与配筋计算及施工图设计,如图 1-6 所示。

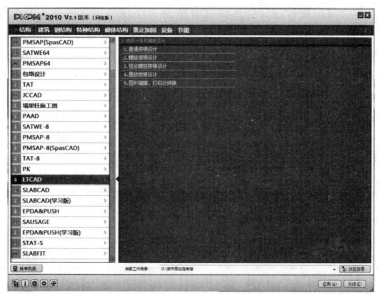

图 1-6　LTCAD 模块

1.4　毕业设计中常用的规范与规程

建筑结构毕业设计中常用的规范与规程有:

(1)《建筑结构可靠度设计统一标准》(GB 50068—2001),简称《可靠度标准》。

(2)《混凝土结构耐久性设计规范》(GB/T 50476—2008),简称《耐规》。

(3)《混凝土结构设计规范》(2015 年版)(GB 50010—2010),简称《混规》。

(4)《建筑结构荷载规范》(GB 50009—2012),简称《荷规》。

(5)《建筑抗震设计规范》(2016 年版)(GB 50011—2010),简称《抗规》。

(6)《建筑工程抗震设防分类标准》(GB 50223—2008),简称《设标》。

(7)《高层建筑混凝土结构技术规程》(JGJ 3—2010),简称《高规》。

(8)《高层民用建筑钢结构技术规程》(JGJ 99—2015),简称《高钢规》。

(9)《钢结构设计规范》(GB 50017—2011),简称《钢规》。

(10)《建筑地基基础设计规范》(GB 50007—2011),简称《基规》。

2　建筑工程概况

本建筑名称为某市高校宿舍楼。该宿舍楼为 3 层现浇钢筋混凝土框架结构,建筑面积约为 1 231.8 m²,各楼层层高均为 3.6 m,工程重要性等级为三级,建筑设计使用年限为 50 年,结构构件的环境作用等级属于 I–A 级。建筑物内墙及外墙采用加气混凝土砌块,厚度为 240 mm。建筑物屋顶不上人,女儿墙高度为 900 mm。该建筑所在地区的抗震设防烈度为 7 度(0.1g),设计地震分组为第一组,基本风压为 0.35 kN/m²。建筑基础埋置深度为 500 mm,工程地质及场地概况如表 2-1 所示,场地类别为第 Ⅱ 类。水文地质概况:最高地下水位为 –3.0 m,微腐蚀性。建筑物的平面图、立面图、剖面图及构造图详见图 2-1 ~ 图 2-10。

表 2-1　工程地质及场地概况

自上而下土层层号	土层厚度(m)	土层描述	地基承载力特征值(kN/m²)
第 1 层	8.5	粗砾砂	270
第 2 层	2.7	角砾	350
第 3 层	3.5	碎石	400

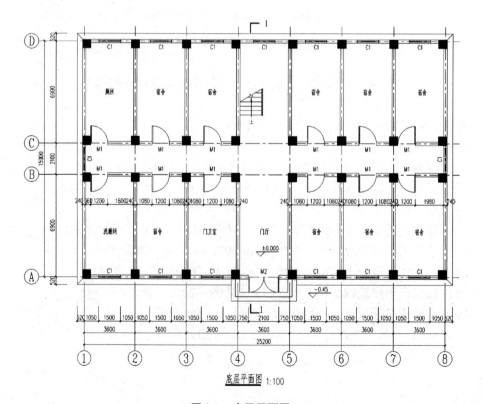

底层平面图 1:100

图 2-1　底层平面图

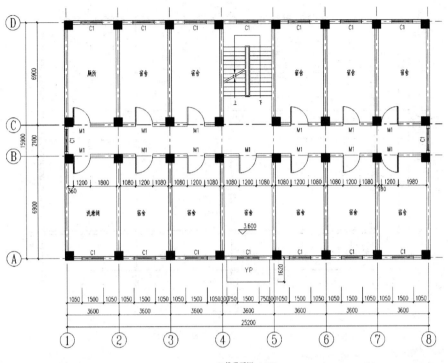

二层平面图 1:100

图 2-2　二层平面图

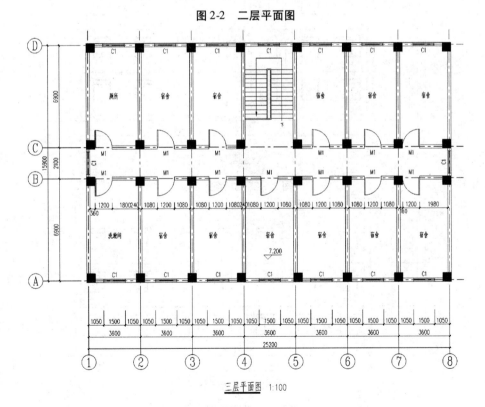

三层平面图 1:100

图 2-3　三层平面图

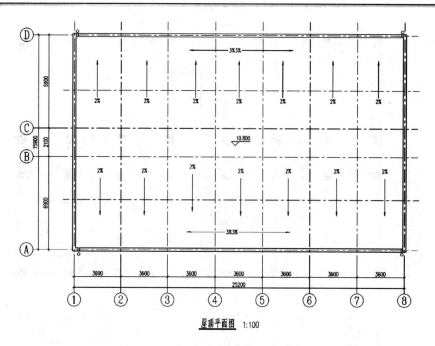

屋顶平面图　1:100

图 2-4　屋顶平面图

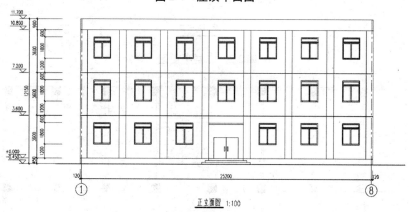

正立面图　1:100

图 2-5　正立面图

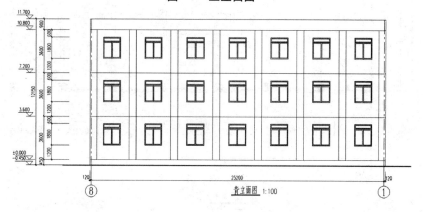

背立面图　1:100

图 2-6　背立面图

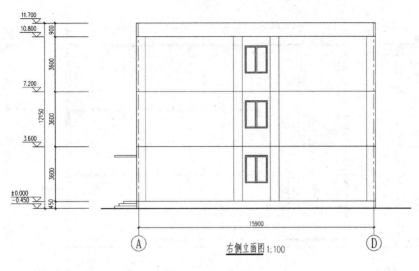

图2-7 右侧立面图

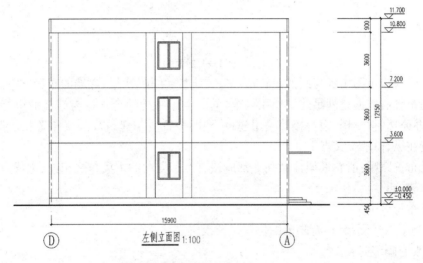

图2-8 左侧立面图

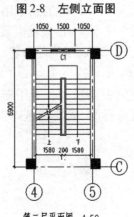

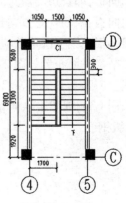

图2-9 各层楼梯平面图

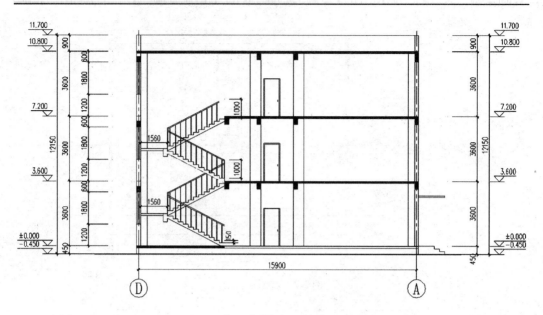

$1-1$ 剖面图 1:100

图 2-10　1—1 剖面图

根据建筑施工图中各房间的布置情况等确定柱、主梁、次梁、隔墙的布置方案。

柱网布置的依据是满足建筑使用要求,同时考虑结构的合理性与施工的可行性。对于宾馆、办公楼、教学楼、宿舍楼等民用建筑,柱网布置应与建筑分隔墙布置相协调,一般将柱子设在纵、横墙交叉点上。

主梁布置原则:所有框架柱原则上都应该有两个方向的主梁与之相连,主梁宜直接连接两根框架柱。

次梁布置原则:

(1)为了承托隔墙,在有隔墙的位置设置次梁。

(2)没有隔墙时:

①单向板,即长边与短边之比大于等于 2 的板,不用布置次梁。

②双向板,板的任意方向长度大于 5 m 时,宜设次梁。

一般一根主梁上次梁数应不少于 2 根,等间距布置。

框架结构平面布置如图 2-11 所示。

根据《混规》4.1.2 条、4.2.1 条的规定,本工程中框架梁、柱以及楼板的混凝土强度等级均采用 C30,框架梁纵向钢筋与箍筋、框架柱纵向钢筋与箍筋以及楼板钢筋均采用 HRB400 级钢筋。

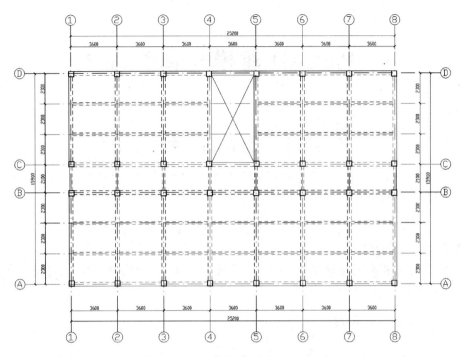

图 2-11 框架结构平面布置图

3　PMCAD 建模与荷载输入

3.1　建立新工程

3.1.1　创建新目录

首先设置一个工作目录。针对第 2 章所述工程,在 D 盘下创建"某市高校宿舍楼"文件夹作为所做工程的工作目录。

注意:每个工程必须存放在独立的工作目录下,否则最新建模生成的文件就会将先前同名文件覆盖。

3.1.2　启动 PKPM 程序

双击桌面上的 PKPM 图标,启动 PKPM 软件主界面,在菜单的专项主页上选择"结构"主页,显示 PKPM 软件主界面,如图 1-1 所示。

3.1.3　更改当前工作目录

单击图 1-1 所示主界面右下角的"改变目录"按钮,弹出"选择工作目录"对话框,如图 3-1 所示,直接选择已经建立好的文件夹"某市高校宿舍楼",单击"确认"。

图 3-1　"选择工作目录"对话框

3.1.4 启动建模程序

在 PMCAD 模块中选择"建筑模型与荷载输入"选项,单击"应用"或双击"建筑模型与荷载输入",弹出"交互式数据输入"对话框,如图 3-2 所示。输入文件名"框架"(计算结果中将出现以此命名的文件),单击"确定",进入人机交互界面,如图 3-3 所示,屏幕右侧为主菜单区,从"轴线输入"到"退出"的菜单次序是模型建立过程的操作顺序。

图 3-2　"交互式数据输入"对话框

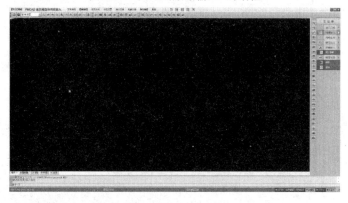

图 3-3　人机交互输入界面

注意:在 PMCAD 软件主菜单中所输的尺寸全部为毫米(mm)。

3.2　第 1 标准层布置

三层的建筑中每一层的结构参数均不一样。其中底层(第 1 层)结构参数与其余层存在的区别有:

(1)"楼梯布置"中底层楼梯的起始高度不为 0,而其他楼层楼梯的起始高度为 0。

(2)底层结构层高与其余层不一样。

结构的顶层(第 3 层)的结构参数与第 1、2 层也存在差异:

(1)顶层屋面板的恒、活荷载值与其余层不一样。

(2)顶层梁间荷载是通过女儿墙换算的,其余层梁间荷载是通过填充墙换算的,不仅数值大小不一样,布置位置也不一样。

(3)顶层楼层没有楼梯模型,其余楼层有楼梯模型。

根据结构参数的不同,三层的建筑结构共分为 3 种类型的标准层,其中第 1 层为第 1 标准层,第 2 层为第 2 标准层,第 3 层为第 3 标准层。

3.2.1 轴网输入

分析图 2-1 ~ 图 2-3 可知,该工程的定位轴线均为正交,采用"正交轴网"输入轴线是最合适的。此外,此工程的轴线也可采用"两点直线""平行直线"等方式输入。

3.2.1.1 "正交轴网"输入

正交轴网是通过定义开间和定义进深形成的,定义开间是输入横向从左到右连续各跨跨度,定义进深是输入竖向从下到上各跨跨度,其中跨度数据可用光标从"直线轴网输入对话框"已有的常见数据中挑选或用键盘输入。可移动光标将正交轴网布置在平面的任意位置,也可输入轴线的倾斜角度,还可以与已有网格捕捉连接。

下面介绍利用"正交轴网"绘制轴线的具体步骤。

(1)选择"轴线输入"中"正交轴网"选项,弹出"直线轴网输入对话框",如图 3-4 所示。在"下开间"一项中填入"3600 * 7",在"左进深"一项中填入:"6900,2100,6900",单击"确定"。

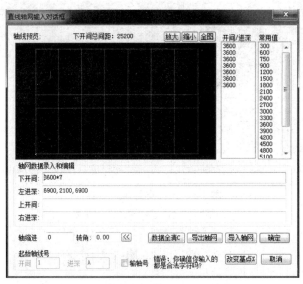

图 3-4 "直线轴网输入对话框"

(2)移动光标将网格布置在屏幕的指定位置,就形成了如图 3-5 所示的轴网。

轴网布置好后,如果发现有些轴线、节点布置不正确,可以利用屏幕右侧主菜单中"网格生成"选项或菜单栏中"模型编辑"选项对网格、节点进行删除。删除轴网的具体操作步骤如下:

(1)选择右侧主菜单"网格生成"中"删除节点"选项或菜单栏中"模型编辑"中"删除节点"选项。

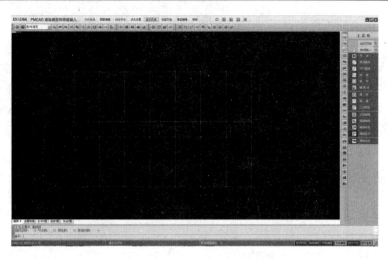

图 3-5　轴线布置图

（2）按"命令行"提示，按两次【Tab】键，将"命令行"提示的光标方式转换为窗口方式，这时用光标窗口截取屏幕内所有节点，所有节点及网格即被删除。

3.2.1.2 "两点直线"输入

（1）选择"轴线输入"中"两点直线"选项。

（2）在"命令行""输入第一点"的提示下，用鼠标在屏幕上任一点处单击，即确定了第一点。

（3）在"命令行""输入下一点"的提示下，输入"0,17000"，即在屏幕上绘制了一条垂直的长度为 17 m 的直线。

轴网的其他网格线的绘制与上述步骤相同。

3.2.1.3 "平行直线"输入

（1）选择"轴线输入"中"平行直线"选项。

（2）在"命令行""输入第一点"提示下，用鼠标在屏幕上任一点处单击。

（3）在"命令行""输入下一点"提示下，输入"0,15900"，屏幕上出现一条红色垂直轴线。

（4）在"命令行"复制间距,（次数）累计距离"提示下，输入"3600,7"，然后按回车键，则在屏幕上出现了 8 条间距为 3.6 m 的平行直线。

（5）按【Esc】键，结束该方向平行直线的绘制。

（6）此时在"命令行"提示栏会继续提示："输入第一点"，用鼠标点击最左下角直线端点。

（7）在"输入下一点"提示下，用鼠标点击最右下角直线端点，屏幕上则出现一条红色的水平轴线。

（8）在"复制间距,（次数）累计距离"提示下，输入"6900,1"，然后按回车键。

（9）在"复制间距,（次数）累计距离"提示下，输入"2100,1"，然后按回车键。

（10）在"复制间距,（次数）累计距离"提示下，输入"6900,1"，然后按回车键，并连续两次按【Esc】键退出平行直线绘制状态，最终形成如图 3-5 所示的轴网。

注意:间距值的正负决定了复制的方向,以上、右为正。

3.2.2 轴线命名

"轴线命名"并不影响计算,只是在绘制施工图时可自动标注轴线名称。施工图中平面图上定位轴线的横向编号用阿拉伯数字从左至右顺序编写,竖向编号用大写拉丁字母(I、O、Z 除外)从下至上顺序编写。

"轴线命名"的具体操作步骤如下:

(1)选择"轴线输入"中"轴线命名"选项。

(2)"命令行"提示:"轴线名输入:请用光标选择轴线(【Tab】成批输入)",用光标点取最左端的横向轴线,"命令行"提示:"轴线选中,输入轴线名",输入 1,按回车键,从左至右逐一点取各横向轴线,依次输入 2、3、4…。

纵向轴线的命名方式同横向轴线。

上述方法需重复多次选轴线、输轴线名的步骤,适合轴线较少的情况,当轴线较多时可采用成批输入,具体操作步骤如下:

(1)选择"轴线输入"中"轴线命名"选项。

(2)屏幕左下方"命令行"提示:"轴线名输入:请用光标选择轴线(【Tab】成批输入)",按【Tab】键,"命令行"提示:"移动光标点取起始轴线",鼠标点取轴线网格最左端的横向轴线,"命令行"提示:"移光标去掉不标注的轴线(【Esc】没有)",本工程轴网中没有不需要命名的轴线,点击鼠标右键或按【Esc】键,"命令行"提示:"输入起始轴线名",输入 1,表示起始轴线从 1 开始,程序自动对 1~8 轴线标注轴线名称。

纵向轴线的命名方式同横向轴线。已命名轴网如图 3-6 所示。

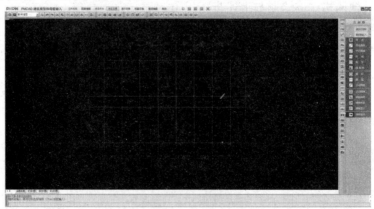

图 3-6　已命名轴网

3.2.3 楼层定义

框架结构的楼层承重构件包括柱、主梁、次梁和楼板,框架结构中的隔墙仅承受自身的重量。在 PMCAD 中建立框架结构模型时,仅需要将承重构件建模即可,隔墙须按梁间荷载考虑。

3.2.3.1 柱布置

在 PMCAD 模块中建立柱模型之前,首先需要按照下列方法估算柱截面尺寸。

(1)确定建筑物所在地区的抗震设防烈度及设计地震分组。某市高校宿舍楼所在地区的抗震设防烈度为 7 度(0.1g),设计地震分组为第一组。如果建筑物所在地区已知,可以根据《抗规》附录 A 确定该地区的抗震设防烈度及设计地震分组。

(2)确定建筑物的抗震等级。根据《设标》3.0.2 条的规定,确定某高校宿舍楼为丙类建筑。建筑物结构形式为普通框架结构,高度 < 24 m(房屋高度指室外地面到主要屋面板板顶的高度),抗震设防烈度为 7 度,根据《抗规》6.1.2 条的规定,确定该建筑物的抗震等级为三级。

(3)确定框架柱的截面形状与尺寸。首先确定框架柱为方形截面。根据《抗规》6.3.6 条的规定,确定框架柱轴压比限值 $[\mu_N]$ 为 0.85。

框架柱截面尺寸可初步按下式估算:

$$\frac{N}{f_c A_c} \leqslant [\mu_N] \tag{3-1}$$

$$N = \beta Sgn \tag{3-2}$$

式中:N 为地震作用组合下柱的轴向压力设计值;f_c 为混凝土轴心抗压强度设计值;A_c 为柱截面面积;β 为考虑地震作用组合后柱的轴向压力增大系数,边柱取 1.3,中柱等跨度取 1.2,中柱不等跨度取 1.25;S 为按简支状态计算的柱的负荷面积;g 为单位建筑面积上的重力荷载代表值,可近似取 12 ~ 15 kN/m²;n 为楼层层数。

边柱轴力:$N = \beta Sgn = 1.3 \times (3.6 \times 6.9/2) \times 13 \times 3 = 629.69(kN)$

中柱轴力:$N = \beta Sgn = 1.25 \times [3.6 \times (6.9/2 + 2.1/2)] \times 13 \times 3 = 789.75(kN)$

中柱轴力较大,为安全考虑,取中柱轴力值进行计算。根据《混规》4.1.4 条的规定,C30 混凝土的轴心抗压强度设计值 f_c = 14.3 N/mm²。根据式(3-1)可得 $A_c \geqslant N/([\mu_N]f_c)$ = 64 973.262 mm²,则柱截面边长 $b = \sqrt{A_c}$ = 254.89 mm。《抗规》6.3.5 条规定,抗震等级为三级且超过 2 层的建筑中框架柱的截面宽度和高度不宜小于 400 mm 且长边与短边之比不宜大于 3,最终确定柱截面尺寸为 400 mm × 400 mm。

确定柱截面尺寸后,下一步就是在 PMCAD 模块里面建立柱模型,具体操作步骤如下:

(1)选择右侧主菜单栏"楼层定义"中"柱布置"选项,弹出"柱截面列表"对话框,如图 3-7 所示。"柱截面列表"中需要新建柱截面,单击"柱截面列表"对话框中的"新建",弹出"输入第 1 标准柱参数"对话框,如图 3-8 所示。"截面类型"选择"1","矩形截面宽度(mm)"输入"400","矩形截面高度(mm)"输入"400","材料类别"选择"6:混凝土",最后单击"确定",弹出"柱截面列表"对话框,如图 3-9 所示,列表中显示刚刚定义好的框架柱。

(2)选中图 3-9 中定义好的柱,单击右上角的"布置",进入建模区域。按【Tab】键将"命令行"提示转换为"窗口方式",光标窗口截取需要布置柱子的节点。建模区域内柱布置后的模型见图 3-10。

图 3-7　"柱截面列表"对话框

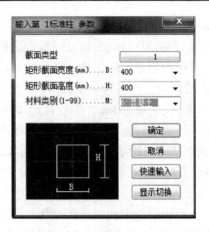

图 3-8　"输入第 1 标准柱参数"对话框

图 3-9　已定义柱截面的"柱截面列表"对话框

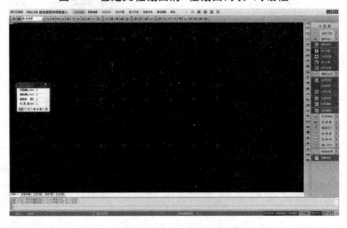

图 3-10　柱布置

"柱布置"建模区域有个"柱布置信息"对话框,如图 3-11 所示。

"偏轴偏心"是指柱形心在水平方向上的偏移。当"沿轴偏心"为 0 时,代表柱相对于节点在水平方向上没有偏移；当"偏轴偏心"为正值时，代表柱形心相对节点往右水平偏移此数值大小；当"沿轴偏心"为负值时，代表柱形心相对节点往左水平偏移此数值大小。

"偏轴偏心"是指柱形心在竖直方向上的偏移。当"偏轴偏心"为 0 时，代表柱相对于节点在竖直方向上没有偏移；当"偏轴偏心"为正值时，代表柱形心相对节点往上竖向偏移此数值大小；当"偏轴偏心"为负值时，代表柱形心相对节点往下竖向偏移此数值大小。

图 3-11　柱布置信息对话框

"轴转角"是指柱旋转角度，正值代表逆时针旋转，负值代表顺时针旋转。

3.2.3.2　主梁布置

在 PMCAD 模块中建立主梁模型之前，首先需要按照下列方法估算主梁截面尺寸。

根据《高规》6.3.1 条的规定，框架结构的主梁截面高度 h 可按计算跨度的 1/18～1/10 确定；梁的截面宽度不宜小于梁截面高度的 1/4，也不宜小于 200 mm。而且，一般情况下梁高 h 与宽 b 的关系为 $h/b = 2～3$。

图 2-1 中 6.9 m 跨度对应的梁截面尺寸为：

主梁梁高 $h = 6\,900 \times (1/18～1/10) = 383.3～690(\text{mm})$，取 $h = 600$ mm；

主梁梁宽 $b \geqslant 600 \times 1/4 = 150$ mm 且 $\geqslant 200$，取 $b = 300$ mm。

教学楼、住宅、宿舍等走廊（走道）的跨度通常比较小，常见的有 1.5 m、1.8 m、2.1 m、2.4 m、2.7 m、3.0 m 等，对于这些小跨度的梁，梁截面高度 h 可取为 300 mm 或 350 mm，截面宽度 b 取为 200 mm。图 2-1 中 2.1 m 跨度对应的梁截面高度 $h = 300$ mm，宽度 $b = 200$ mm。

确定主梁截面尺寸后，下一步就是在 PMCAD 模块里面建立主梁模型，具体操作步骤如下：

（1）选择"楼层定义"中"主梁布置"选项。

（2）屏幕弹出"梁截面列表"对话框，如图 3-12 所示，单击"新建"。

（3）屏幕上弹出"输入第 1 标准梁参数"对话框，如图 3-13 所示，"截面类型"选择"1"，在"矩形截面宽度（mm）"中输入"300"，在"矩形截面高度（mm）"中输入"600"，"材料类别"一栏填入"6：混凝土"。

（4）单击图 3-13 中的"确定"，返回"梁截面列表"对话框，此时"梁截面列表"显示已定义好的梁截面，如图 3-14 所示。

（5）重复上述步骤，再定义 200 mm×300 mm 的矩形梁，如图 3-15 所示。

（6）选取"300×600"截面梁，单击"布置"，进入建模区域。

（7）根据屏幕下方"命令行"的提示选择"窗口方式"或"光标方式"或"轴线方式"，再确定位置布置梁，然后按【Esc】键退出，返回到"梁截面列表"对话框。

（8）重复上述步骤，再布置 200 mm×300mm 矩形主梁，最后按【Esc】键退出。最终"主梁布置"如图 3-16 所示。

图 3-12　"梁截面列表"对话框

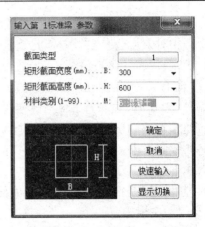

图 3-13　"输入第 1 标准梁参数"对话框

图 3-14　已定义柱截面的"梁截面列表"对话框　　图 3-15　已定义两种柱截面的"梁截面列表"对话框

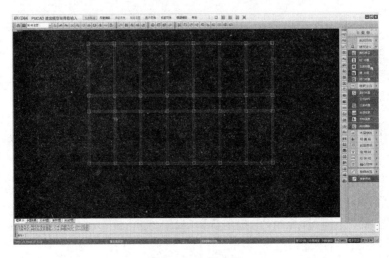

图 3-16　主梁布置

3.2.3.3　次梁布置

次梁梁截面高度按 $h = l/18 \sim l/12$（l 为次梁跨度）估算，次梁梁高 $h = 3\,600 \times (1/18 \sim 1/12) = 200 \sim 300$，并考虑建筑模数，取梁高 $h = 300$，取梁宽 $b = 200$。

PKPM 输入次梁有两种方式,其中一种方式是按"主梁布置"方式输入次梁,实质上是布置截面较小的主梁,即尺寸为次梁尺寸,在计算分析中为主梁属性,应先布置轴网才能布置梁;另一种方式是按"次梁布置"方式输入次梁,在计算分析中为次梁属性,不需要布置轴网即可布置梁。两种输入方式在结构自振周期、主梁内力等方面稍有差别,但差别不大。

在结构设计中,次梁宜按主梁输入,这样可方便模型的建立及荷载的输入,同时 SAT-WE 有限元计算出来的配筋结果更加接近实际受力情况。本例采用了按"主梁布置"方式输入次梁,具体操作步骤如下:

(1)在建模区域原有轴网的基础上添加网格线。单击屏幕右侧主菜单栏的"轴线输入",选择"两点直线"选项,"命令行"提示:"输入第一点",将光标移动到整个轴网中最左上角处的节点(1 号定位轴线与 D 号定位轴线的交点)上,然后垂直向下移动鼠标,直至出现无限延长的虚线,这时在"命令行"中输入网格线第一点相对最左上角处节点的垂直距离:2300,按回车键,"命令行"提示:"输入下一点",光标水平往右移动,直至出现无限延长的虚线,在"命令行"中输入:25200,0。其他网格线的添加方法与上述一致,添加网格线后的模型如图 3-17 所示。

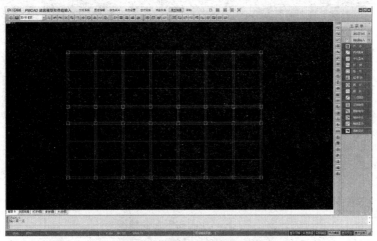

图 3-17 添加网格线后的模型

(2)因楼梯间没有次梁,故需将楼梯间的网格删掉,具体操作步骤为:

①选择"网格生成"中"删除网格"选项。

②根据"命令行"提示选择"光标选择"删除需要删除的红色网线。

最终的次梁网格线如图 3-18 所示。

(3)选择"楼层定义"中"主梁布置"选项,按"主梁布置"方式布置次梁。此步骤详见"主梁布置"。次梁布置后的模型如图 3-19 所示。

3.2.3.4 构件删除

当构件布置出现错误时,可选择"楼层定义"中"构件删除"选项,弹出"构件删除"对话框,如图 3-20 所示。选择要删除构件的类型,用光标点取要删除的构件即可,构件类型可多选。

3.2.3.5 偏心对齐

在执行"柱布置"的时候,柱子相对于节点没有设置任何偏心或转动,即柱是以节点为

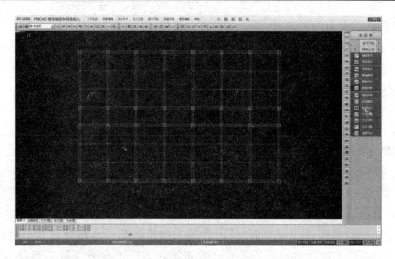

图 3-18　最终的次梁网格线

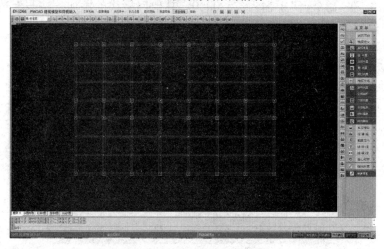

图 3-19　次梁布置后的模型

图 3-20　"构件删除"对话框

形心进行布置的。而实际的建筑施工图(见图 2-1 ~ 图 2-3)中显示,部分柱与相对应的梁边对齐,所以需要执行"楼层定义"中"偏心对齐"中"柱与梁齐"选项,具体操作步骤如下:

(1)选择"柱与梁齐"选项,在"命令行"中"边对齐/中对齐/退出?"提示下,输入"Y"。

(2)在"命令行"中"光标方式"提示下,按【Tab】键将"命令行"提示转换为"窗口方式",利用"窗口方式"选取与梁对齐的柱。

(3)在"命令行"中"请用光标点取参考梁"的提示下,光标选取与柱边对齐的梁。

(4)在"命令行"中"请用光标指出对齐边方向"的提示下,将光标移动到柱边与梁边需要对齐的一侧后单击即可。

偏心对齐后的梁柱模型如图 3-21 所示。

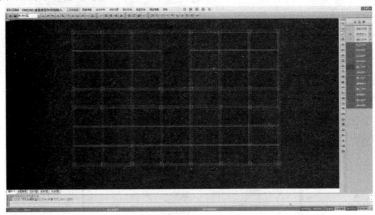

图 3-21　偏心对齐后的梁柱模型

3.2.3.6　楼板生成

选择"楼板生成"中"生成楼板"选项,弹出图 3-22 所示对话框,单击"是"按钮,自动生成楼板。

图 3-22　"PKPM APP"对话框

选择"楼板生成"中"修改板厚"选项,将楼梯间板厚修改为 0,这是因为实际结构中楼梯间处没有楼板,但楼梯间不能开洞口,否则将无法布置楼梯间处的恒荷载、活荷载。其余楼板厚度修改为 120,如图 3-23 所示。

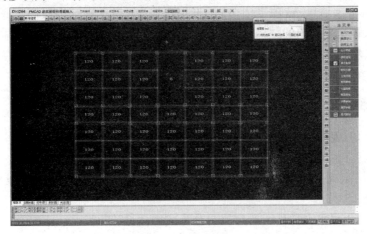

图 3-23　楼板布置

3.2.3.7　本层信息

选择"楼层定义"中"本层信息"选项,弹出"用光标点明要修改的项目"对话框,如图 3-24 所示。

图 3-24　"用光标点明要修改的项目"对话框

在"本标准层信息"选项卡中可以输入板厚、材料强度等级、钢筋类别、层高等信息。

(1)板厚:《混规》9.1.2 条规定,现浇钢筋混凝土双向板的最小厚度为 80 mm。板厚确定的一般原则:框架结构的楼板板厚不宜小于 100 mm,且要求双向板的板厚不小于跨度的 1/45(简支)或 1/50(连续),最终确定本设计板厚均取为 120 mm。

(2)板、梁、柱混凝土强度等级为 C30。框架结构中没有剪力墙,所以"本标准层信息"选项卡中的"剪力墙混凝土强度等级"默认即可。

(3)板钢筋保护层厚度:本书中所设计建筑物是一栋高校普通宿舍楼,结构构件的环境作用等级属于 I – A 级,建筑物的设计使用年限为 50 年,楼板的混凝土强度等级为 C30,根据《耐规》4.3.1 条的规定,楼板钢筋的保护层厚度取为 20 mm。

(4)梁、柱钢筋类别为 HRB400。"本标准层信息"选项卡中"墙钢筋类别"可不必修改。

(5)"本标准层信息"选项卡中"本标准层层高"是指本层结构层高。底层的结构高度是指底层板顶至基础顶的距离,如果是带地下室的结构,就按实际建筑层高计算。已知建筑各层层高均为 3.6 m,则底层结构层高 = 底层建筑层高 + 室内外高差 + 基础埋深 = 3.6 m + 0.45 m + 0.5 m = 4.55 m。

3.2.4　楼梯布置

相比较 2001 版的《抗规》,2010 版《抗规》增加了第 6.1.15 条,用以考虑楼梯的斜撑作用对结构刚度、承载力以及规则性的影响。

选择"楼层定义"中"楼梯布置"选项,弹出"平行两跑楼梯—智能设计对话框",如图 3-25 所示。

一般勾选"生成平台梯柱",程序将自动生成梯柱、层间梁。

底层楼梯布置需设置"起始高度"。底层楼梯从室内 ± 0.000 标高开始,底层结构高

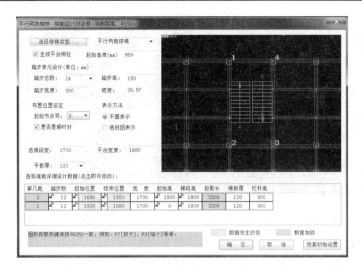

图 3-25　平行两跑楼梯—智能设计对话框

度从基础顶面开始,两者之间的差值绝对值即为"起始高度"。本例中"起始高度"=室内外高差+基础埋置深度=450+500=950(mm)。

　　注意"起始节点号"的选择,有时程序默认的"起始节点号"与实际建筑中楼梯的起始位置不一致,此时需要按照建筑图中楼梯的实际情况选择"起始节点号"以及确定是否勾选"是否是顺时针"。

　　图 3-25 中的其他参数需要根据建筑施工图中楼梯的实际工程情况进行填写。

　　已建完楼梯的结构模型如图 3-26 所示。

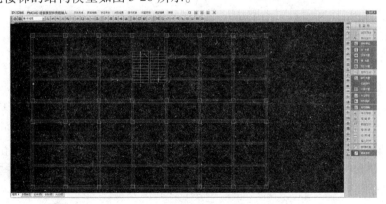

图 3-26　已建完楼梯的结构模型

　　单击工具栏" 📦 "可以查看其轴测图,如图 3-27 所示。

　　单击工具栏" 📦 "可以恢复至平面图 3-26。

3.2.5　荷载输入

　　PMCAD 中输入的恒荷载和活荷载均为标准值。

3.2.5.1　恒荷载

　　(1)楼板恒荷载标准值。楼板恒荷载标准值是根据建筑做法计算得来的。常用材料

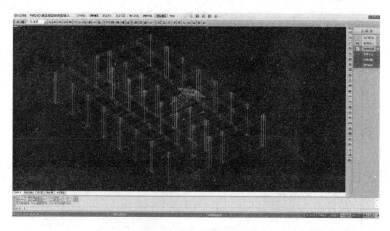

图 3-27　第 1 标准层轴测图

及构件单位体积的自重可以通过查《荷规》附录 A 中表 A 获得,其中,大理石自重为 28 kN/m³,混合砂浆自重为 17 kN/m³,钢筋混凝土自重为 24 ~ 25 kN/m³。

第 1、2 层楼面的恒荷载标准值:

15 mm 厚大理石面层	$0.015 \times 28 = 0.42 (\text{kN/m}^2)$	
20 mm 厚混合砂浆结合层	$0.02 \times 17 = 0.34 (\text{kN/m}^2)$	
20 mm 厚混合砂浆找平层	$0.02 \times 17 = 0.34 (\text{kN/m}^2)$	
120 mm 厚钢筋混凝土现浇板	$0.12 \times 25 = 3.0 (\text{kN/m}^2)$	
20 mm 厚混合砂浆板底抹灰	$0.02 \times 17 = 0.34 (\text{kN/m}^2)$	
总计	$4.44 (\text{kN/m}^2)$	
	取 4.5kN/m^2	

(2)楼梯间、卫生间恒荷载标准值。楼梯间、卫生间恒荷载标准值精细求解需要根据楼梯、卫生间的具体做法按照类似楼面的恒荷载标准值计算方法进行。因为楼梯处截面形状及做法、卫生间做法比一般楼板要复杂,所以大多数情况下楼梯间、卫生间恒荷载标准值是根据楼梯的具体情况进行估算的。如果是混凝土楼梯,两跑楼梯恒荷载标准值可取为 8 kN/m²,四跑楼梯荷载翻倍,以此类推;一般估计"设浴缸、坐厕的卫生间""有分隔的蹲厕公共卫生间(包括填料、隔墙)"恒荷载标准值分别取 4 kN/m² 和 8 kN/m²。

3.2.5.2　活荷载

根据《荷规》5.1.1 条的规定,宿舍楼楼面、卫生间、楼梯、走廊均布活荷载标准值分别为 2.0 kN/m²、2.5 kN/m²、3.5 kN/m²、2.0 kN/m²。

选择"荷载输入"中"恒活设置"选项,弹出"荷载定义"对话框,输入楼板恒荷载"4.5",活荷载"2.0",单击"确定"按钮,如图 3-28 所示。

在输入楼板荷载时,如果勾选"自动计算现浇楼板自重",恒荷载仅加面层荷载就可以了,恒荷载为"1.5"。

选择"荷载输入"中"楼面荷载"中"楼面恒载"选

图 3-28　"荷载定义"对话框

(图中恒载为恒荷载,活载为活荷载,余同)

项,将卫生间、楼梯间恒荷载均修改为"8",如图 3-29 所示。

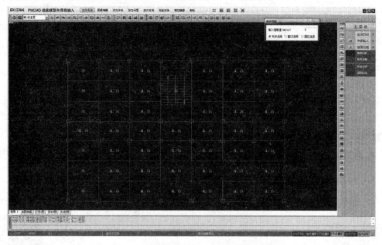

图 3-29 恒荷载输入

选择"荷载输入"中"楼面荷载"中"楼面活载"选项,将卫生间、楼梯活荷载分别修改为"2.5""3.5",如图 3-30 所示。

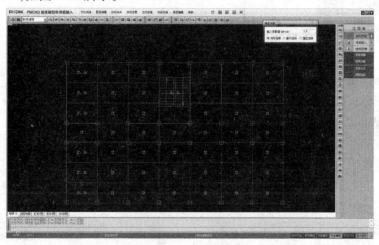

图 3-30 活荷载输入

3.2.5.3 梁间荷载

框架结构中有填充墙,但填充墙无法像柱、梁、剪力墙等构件一样建模,所以填充墙需转换成梁间荷载输入到模型当中。

$$梁间荷载 = (砖的容重 \times 墙的厚度 + 抹灰荷载) \times (楼层层高 - 梁高) \qquad (3-3)$$

可得,$q = (11.8 \times 0.24 + 0.02 \times 17 \times 2) \times (3.6 - 0.6) = 10.536(kN/m)$,取 11 kN/m。

选择"梁间荷载"中"梁荷定义"选项,弹出"选择要布置的梁荷载"对话框,如图 3-31 所示,单击"添加"按钮,弹出"选择荷载类型"对话框,如图 3-32 所示,填充墙换算成梁间荷载作用于梁上的荷载类型是满跨均布线荷载,所以选择图 3-32 中的第 1 类,然后弹出"输入第 1 类型荷载参数"对话框,如图 3-33 所示,输入荷载值"11",并单击"确定",返回"选择要布置的梁荷载"对话框,如图 3-34 所示,单击"退出"结束梁间荷载定义过程。

图 3-31 "选择要布置的梁荷载"对话框(一)

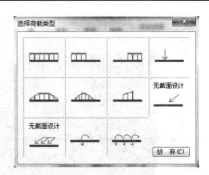

图 3-32 "选择荷载类型"对话框

图 3-33 "输入第 1 类型荷载参数"对话框

图 3-34 已定义梁间荷载的
"选择要布置的梁荷载"对话框

选择"梁间荷载"中"恒载输入"选项,弹出"选择要布置的梁荷载"对话框,如图 3-35 所示,鼠标选取要布置的荷载,单击右下角"布置",然后进入建模区域。

选择"荷载输入"中"梁间荷载"中"数据开关"选项,弹出"数据显示状态"对话框,如图 3-36 所示,将"数据显示"选中,单击"确定"可以在平面图中查看荷载输入的结果,如图 3-37 所示。

图 3-35 "选择要布置的梁荷载"对话框(二)

图 3-36 "数据显示状态"对话框

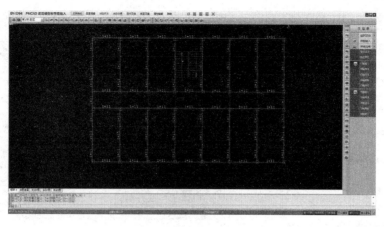

图 3-37 梁间荷载输入情况

3.3 第 2 标准层布置

本例中第 2 标准层与第 1 标准层的区别是：①楼层的结构层高不一样，第 2 标准层的结构层高为 3 600 mm；②楼梯的起始高度不一样，第 1 标准层的"起始高度"不为 0，而第 2 标准层的"起始高度"是 0。

综上分析，既然第 2 标准层与第 1 标准层的区别不大，不需要重新对第 2 标准层进行建模，可以利用 PMCAD 中"添加新标准层"中的"全部复制"方式添加第 2 标准层，然后对"全部复制"的第 2 标准层进行相应的修改即可，具体操作步骤如下：

（1）单击屏幕左上角标准层下拉工具条并点取"添加新标准层"，如图 3-38 所示，弹出"选择/添加标准层"对话框，如图 3-39 所示，选择"全部复制"，单击"确定"。

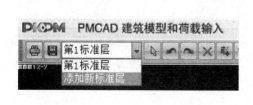

图 3-38 标准层下拉工具条

图 3-39 "选择/添加标准层"对话框

（2）确定屏幕左上角标准层框中显示"第 2 标准层"，选择"楼层定义"中"本层信息"选项，修改"本标准层层高"为 3 600。

（3）选择"楼层定义"中"构件删除"选项，将楼梯删除；选择"楼梯布置"选项，重新布置楼梯，其中"平行两跑楼梯—智能设计对话框"如图 3-40 所示。

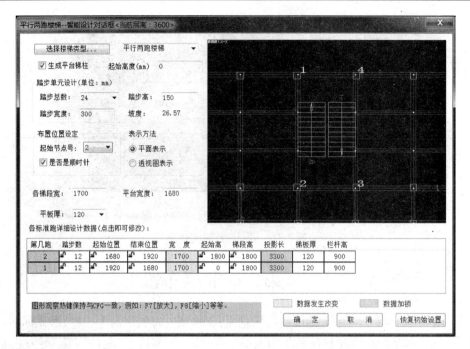

图 3-40　平行两跑楼梯—智能设计对话框

3.4　第 3 标准层布置

第 3 标准层与第 2 标准层的区别是:

(1)梁间荷载不同:第 2 标准层的梁间荷载值是填充墙换算的线荷载,布置的位置是所有截面尺寸为 300 mm × 600 mm 的主梁上,第 3 标准层的梁间荷载是女儿墙换算的线荷载,布置的位置是四周边梁。

女儿墙荷载 $q = (11.8 × 0.2 + 0.02 × 17 × 2) × 0.9 = 2.736 (kN/m)$,取 3 kN/m。

(2)建筑物屋面不上人,楼梯到第 3 层就结束了,所以第 3 标准层没有楼梯模型。

(3)第 3 标准层的屋面荷载与第 2 标准层的楼面荷载不一样:第 3 标准层的屋面恒荷载根据屋面做法具体确定为 6.0 kN/m^2 ,活荷载根据《荷规》5.1.1 条的规定确定,不上人屋面的活荷载为 0.5 kN/m^2 。

第 3 标准层建模的具体操作步骤如下:

(1)单击屏幕左上角标准层下拉工具条并点取"添加新标准层",弹出"选择/添加标准层"对话框,点选"第 2 标准层",选择"全部复制"。

(2)确定屏幕左上角标准层框中显示"第 3 标准层",删除楼梯与梁间荷载,修改次梁布置,如图 3-41 所示。重新选择"楼层定义"中"楼板生成"选项,重新生成楼板并修改楼板的厚度,如图 3-42 所示。修改楼板恒荷载为 6.0 kN/m^2 ,活荷载为 0.5 kN/m^2 ,重新布置梁间荷载,如图 3-43 ~ 图 3-45 所示。

注意:当梁布局有变化(增加梁截面或者删除梁截面)时,都应该执行"楼板生成"。

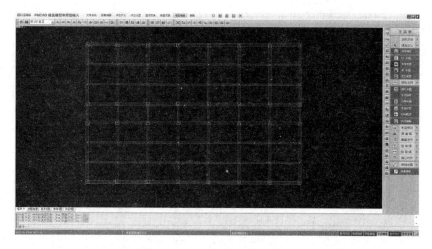

图 3-41 第 3 标准层结构模型

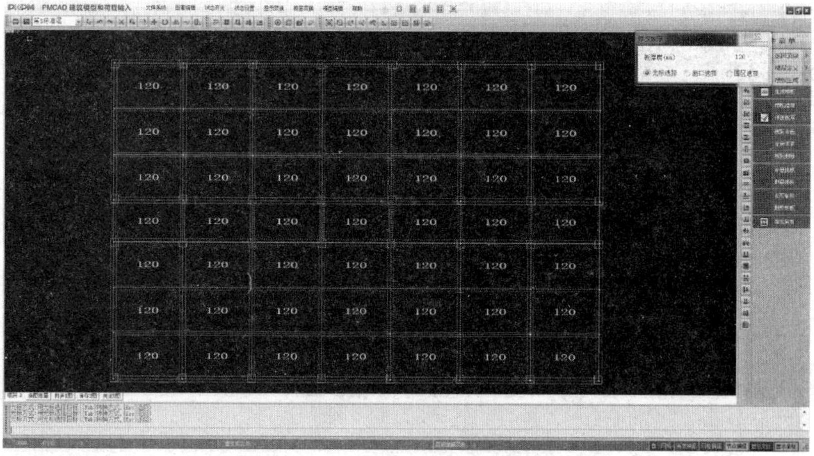

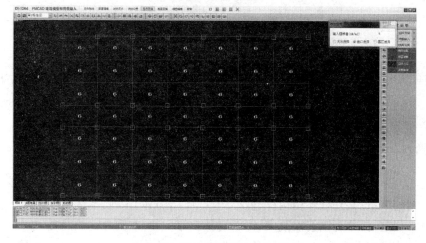

图 3-42 第 3 标准层楼板厚度

图 3-43 第 3 标准层恒荷载布置

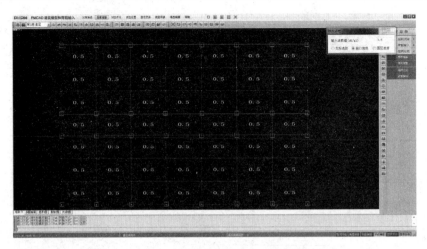

图 3-44 第 3 标准层活荷载布置

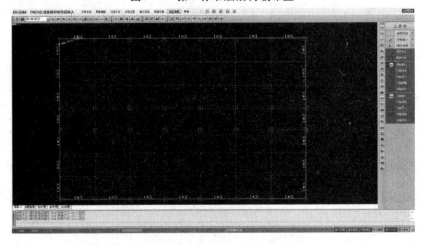

图 3-45 第 3 标准层梁间荷载布置

3.5 设计参数

选择"楼层定义"中"设计参数"选项,弹出"楼层组装—设计参数"对话框,如图 3-46 所示,按实际工程情况输入工程设计参数。设计参数分总信息、材料信息、地震信息、风荷载信息和钢筋信息 5 个子菜单。

3.5.1 总信息

总信息子菜单界面如图 3-46 所示。

(1)结构体系:共有框架结构、框剪结构、框筒结构等 15 种,本例为框架结构。

(2)结构主材:共有钢筋混凝土、钢 – 混凝土等 5 种,本例为钢筋混凝土。

(3)结构重要性系数:有 3 个数值可供选用,分别是 1.1、1.0、0.9。根据《可靠度标准》7.0.3 条确定,本例选择 1.0。

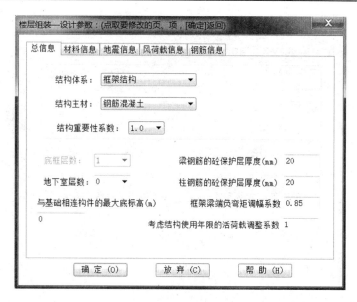

图 3-46　总信息子菜单

（注：图中砼为混凝土）

（4）地下室层数：按实际工程情况填写，本例的地下室层数为 0。

（5）梁、柱钢筋的混凝土保护层厚度。根据《耐规》表 4.3.1 及《混规》表 8.2.1 确定，本例中的混凝土保护层厚度确定为 20 mm。

（6）与基础相连构件的最大底标高：按实际工程情况填写，如没有特殊情况，取 0。

（7）框架梁端负弯矩调幅系数：根据《高规》5.2.3 条确定，在竖向荷载作用下，可考虑框架梁端塑性变形内力重分布对梁端负弯矩乘以调幅系数进行调幅。负弯矩调幅系数取值范围是 0.7～1.0，一般工程取 0.85。

（8）考虑结构使用年限的活荷载调整系数：从《荷规》表 3.2.5 中选用。本例中结构设计使用年限为 50 年，则此项调整系数确定为 1.0。

3.5.2　材料信息

材料信息子菜单界面如图 3-47 所示。

（1）混凝土容重、钢材容重与轻骨料混凝土容重（kN/mm^3）：根据《荷规》附录 A 确定。混凝土容重的默认值 25，对于框架结构可行，而对于剪力墙、板柱结构偏小，可取为 27；钢材容重默认值是 78，可行；轻骨料混凝土容重默认为 18.5，可行。本例中混凝土容重为 25，结构中没有采用轻骨料混凝土，也无钢构件，所以轻骨料混凝土与钢材的容重不修改。

（2）钢构件钢材：根据实际工程情况选择 Q235、Q345、Q390、Q420。本例没有钢结构，所以此项不需修改。

（3）钢截面净毛面积比值：钢构件截面净面积与毛面积的比值，默认值为 0.85。本例没有钢结构，所以此项不需修改。

（4）轻骨料混凝土密度等级：默认值为 1 800。本例结构中没有采用轻骨料混凝土，

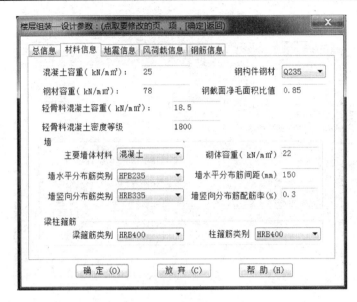

图 3-47　材料信息子菜单

所以此项不需修改。

（5）墙：此墙为承重墙。

①主要墙体材料：有混凝土、烧结砖、蒸压砖、混凝土砌块，根据实际工程情况选择。

②砌体容重（kN/mm³）：根据《荷规》附录 A 确定，墙体材料选用的种类不同，则对应的容重也不同。

③墙水平、竖向分布筋类别：包括 HPB300、HRB335、HRB400、RRB400 与冷轧带肋 550，根据实际工程情况选择。

④墙水平分布筋间距（mm）：根据实际工程情况填写。

⑤墙竖向分布钢筋配筋率（%）：默认值为 0.3，可根据《抗规》6.4.3 条确定。

本例结构为框架结构，没有承重墙，所以"墙"选项中的所有参数可均不修改。

（6）梁柱箍筋：包括 HPB300、HRB335、HRB400、RRB400 与冷轧带肋 550，根据实际工程情况选用。本例中的梁、柱箍筋类别均选择 HRB400。

3.5.3　地震信息

地震信息子菜单界面如图 3-48 所示。

（1）设计地震分组：第 1 组、第 2 组、第 3 组。本例中设计地震分组为第 1 组。

（2）地震烈度：6（0.05g）、7（0.1g）、7（0.15g）、8（0.2g）、8（0.3g）、9（0.4g）、0（不设防）。本例中抗震设防烈度为 7（0.1g）。

设计地震分组与地震烈度的确定已在第 3.2.3.1 节"柱布置"这部分内容中详细介绍。

（3）场地类别：Ⅰ0 类、Ⅰ1 类、Ⅱ类、Ⅲ类、Ⅳ类、上海专用。此项可以根据《抗规》4.1.6 条确定，建筑场地的类别划分应以土层等效剪切波速和场地覆盖层厚度为准，按表 4.1.6 查询。一般情况下，地质报告也会给出。本例中场地类别为Ⅱ类。

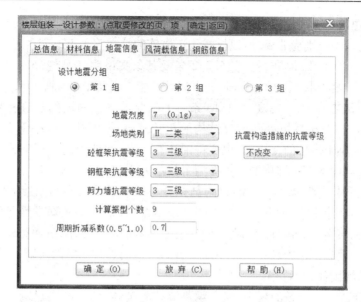

图 3-48 地震信息子菜单

(注:图中 g 应为斜体,此处为软件自带,未做修改)

(4)混凝土框架、钢框架、剪力墙抗震等级:根据《抗规》6.1.2 条、6.1.3 条、8.1.3 条等确定。

程序提供 0、1、2、3、4、5 六种值,其中 0、1、2、3、4 分别代表抗震等级为特一、一、二、三、四级,5 代表不考虑抗震构造要求。此处指定的抗震等级是全楼适用的,通过此处指定的抗震等级,SATWE 自动对全楼所有构件的抗震等级赋初值,依据《抗规》《高规》等相关条文,某些部位或构件的抗震等级可能还需要在此基础上进行单独调整,SATWE 将自动对这部分构件的抗震等级进行调整。对于少数未能涵盖的特殊情况,用户可通过前处理第二项菜单"特殊构件补充定义"进行单构件的补充指定,以满足工程需求。

对于混凝土框架和钢框架,程序按照材料进行区分:纯钢截面的构件取钢框架的抗震等级;混凝土或钢与混凝土混合截面的构件,取混凝土框架的抗震等级。

本例中的混凝土框架抗震等级为三级,钢框架、抗震墙抗震等级不需要修改。

(5)抗震构造措施的抗震等级:不改变、提高一级、降低一级、提高二级、降低二级。根据场地土类别调整抗震构造措施的抗震设防烈度,然后查《抗规》中的表 6.1.2 确定抗震构造措施的抗震等级。

由《抗规》3.3.2 条、《高规》3.9.1 条第 2 款规定可知,建筑场地为 I 类时,丙类建筑应允许按本地区抗震设防烈度降低一度的要求采取抗震构造措施,但抗震设防烈度为 6 度时仍按本地区抗震设防烈度的要求采取抗震构造措施。

根据《抗规》3.3.3 条、《高规》3.9.2 条的规定,建筑场地为 II、III 类时,对设计基本地震加速度为 7 度(0.15g)和 8 度(0.30g)的地区,除本规范另有规定外,宜分别按抗震设防烈度 8 度(0.20g)和 9 度(0.40g)时各抗震设防类别建筑的要求采取抗震构造措施。

《抗规》6.1.3 条第 4 款、《高规》3.9.1 条第 1 款规定,非 I 类场地时,甲乙类建筑按规定提高设防烈度一度;若高度超出规定上界,抗震构造措施的抗震等级为特级。I 类场地时,甲乙类建筑不提高设防烈度。

本例中场地土类别为Ⅱ类,所以抗震构造措施的抗震等级不改变。

(6)计算振型个数:根据《抗规》5.2.2 条及其条文说明、《高规》5.1.13 条第 1 款确定。通常振型数至少取 3,为了使每阶振型都尽可能得到两个平动振型和一个扭转振型,振型数最好为 3 的倍数。《高规》5.1.13 条第 1 款要求 B 级高度的建筑和复杂的高层建筑抗震计算时,宜考虑平扭耦联计算结构的扭转效应,振型数不应小于 15;对于多塔结构,振型数不应小于塔数的 9 倍,但也要特别注意一点:此处指定的振型数不能超过结构固有振型的总数。本例中结构的计算振型个数定为 9。

(7)周期折减系数:周期折减的目的是充分考虑非承重填充墙刚度对结构自振周期的影响。PMCAD 建模时,没有将填充墙建到模型中,只是将其换算成梁间荷载布置到模型中,所以相比较实际结构,PMCAD 中所建模型结构的刚度较小,进而程序计算的模型结构的周期偏大、地震作用力较小。若不对模型结构周期进行相应的折减,根据 PKPM 计算结果设计的结构则偏于不安全。

根据《高规》4.3.17 条的规定,当非承重墙体为砌体墙时,高层建筑结构的计算自振周期折减系数可按下列规定取值:框架结构可取 0.6 ~ 0.7;框架 – 剪力墙结构可取 0.7 ~ 0.8;框架 – 核心筒结构可取 0.8 ~ 0.9;剪力墙结构可取 0.8 ~ 1.0;对于其他结构体系或采用其他非承重墙体时,可根据工程情况确定周期折减系数。

本例虽为多层结构,偏于安全考虑仍按《高规》的要求对结构周期进行折减,周期折减系数取为 0.7。

3.5.4 风荷载信息

风荷载信息子菜单界面如图 3-49 所示。

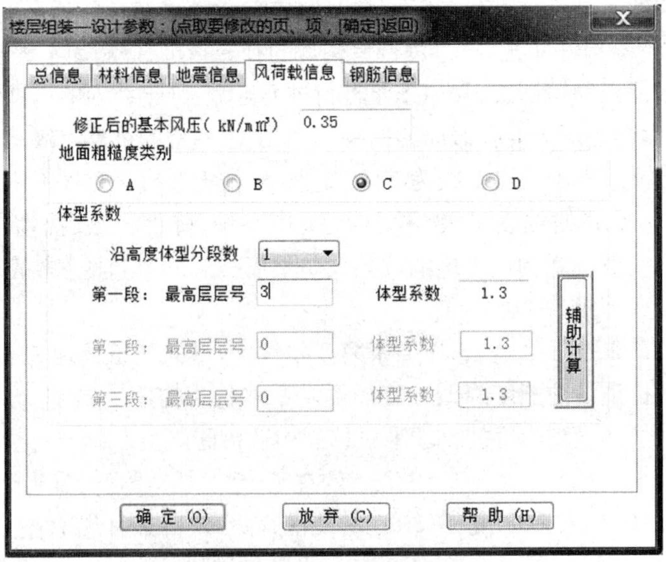

图 3-49 风荷载信息子菜单

(1)修正后的基本风压(kN/m^2):通常情况下直接选取《荷规》附录 E 中表 E.5 中的

基本风压。《荷规》8.1.2 条规定,对于高层建筑、高耸结构以及对风荷载比较敏感的其他结构,基本风压的取值应适当提高,并应符合有关结构设计规范的规定。本例中修正后基本风压为 0.35 kN/m²。

(2)地面粗糙度类别:根据《荷规》8.2.1 条的规定,A 类指近海海面和海岛、海岸、湖岸及沙漠地区;B 类指田野、乡村、丛林、丘陵以及房屋比较稀疏的乡镇;C 类指有密集建筑群的城市市区;D 类指有密集建筑群且房屋较高的城市。本例中建筑所在地区为市区,地面粗糙度属于 C 类。

(3)体型系数:现代很多高层建筑立面变化较大,不同区段的体型系数是不一样的,程序允许输入不同的体型系数及每段最高楼层号,一个建筑最多可以设三个体型系数。

风荷载体型系数是指风作用在建筑物表面一定面积范围内所引起的平均压力(或吸力)与来流风的速度压的比值,它主要与建筑物的体型和尺度有关,也与周围环境和地面粗糙度有关,根据《荷规》表 8.3.1 确定,本例中的体型系数为 1.3。

3.5.5 钢筋信息

钢筋信息子菜单界面如图 3-50 所示。图 3-50 中所示的钢筋抗拉强度设计值是程序的默认值,也是《混规》中的规定值,一般不做修改。

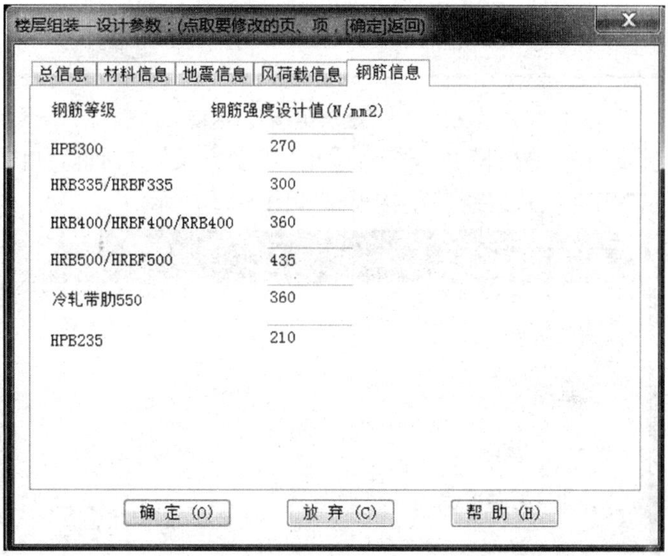

图 3-50 钢筋信息子菜单

注意:"楼层组装—设计参数"对话框必须打开并单击"确定",否则会因为缺少工程信息在数据检查时出错。

3.6 楼层组装

选择"楼层组装"中"楼层组装"选项,弹出"楼层组装"对话框,如图 3-51 所示。

整体结构组装的具体步骤为:①单击"复制层数"为"1",单击"标准层"为"第 1 标准层"，"层高"输入"4550"，然后单击"增加"；②单击"复制层数"为"1"，单击"标准层"为"第 2 标准层"，"层高"输入"3600"，然后单击"增加"；③单击"复制层数"为"1"，单击"标准层"为"第 3 标准层"，"层高"输入"3600"，然后单击"增加"；④单击"楼层组装"对话框右下角的"确定"（见图 3-51），完成楼层组装。

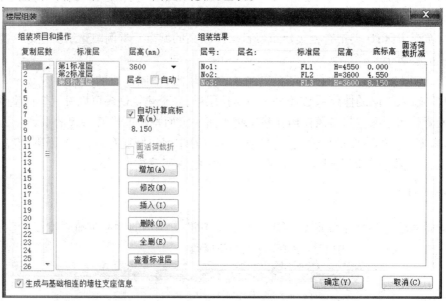

图 3-51　"楼层组装"对话框

选择"楼层组装"中"整楼模型"选项，弹出"组装方案"对话框，如图 3-52 所示，选择"重新组装"，单击"确定"，最终组装整楼模型如图 3-53 所示。

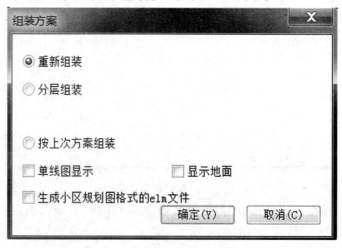

图 3-52　"组装方案"对话框

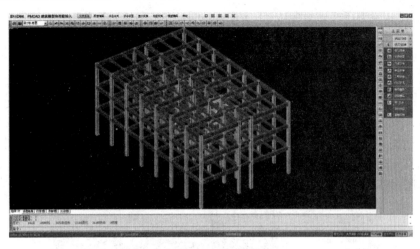

图 3-53 整楼模型

3.7 存盘退出

单击"保存",将已完成的结构模型数据存储在磁盘中。

提示:建议在建模过程中养成每完成一步工作都及时保存模型数据的良好习惯,以免发生中断而使数据丢失。

单击"退出",弹出"请选择"对话框,如图 3-54 所示,选择"存盘退出",接着弹出"选择后续操作"对话框,如图 3-55 所示,勾选"楼梯自动转换为梁",然后单击"确定",程序自动完成导荷、数据检查、数据输出等工作,返回 PKPM 软件界面。

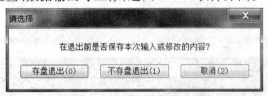

图 3-54 "请选择"对话框

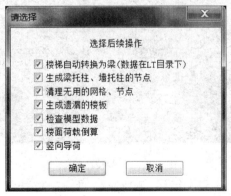

图 3-55 "选择后续操作"对话框

至此,结构模型已经建立完成,下一步可以进行 SATWE 计算分析。

3.8　平面荷载显示校核

PMCAD 模块中的"平面荷载显示校核"可以显示各层输入的楼面荷载、梁间荷载等,以供校核。双击图 3-56 中的"平面荷载显示校核"选项,进入"荷载校核简图"区域,显示"第 1 层梁、墙柱节点输入及楼面荷载平面图",如图 3-57 所示。如果需要校核其余层的荷载,用光标点击屏幕右上位置的"上一层",即可打开第 2、3 层梁,墙柱节点输入及楼面荷载平面图。

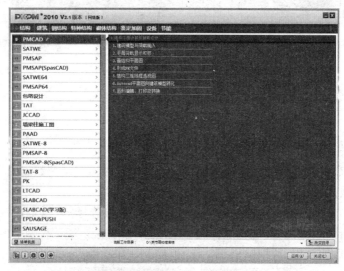

图 3-56　"平面荷载显示校核"选项

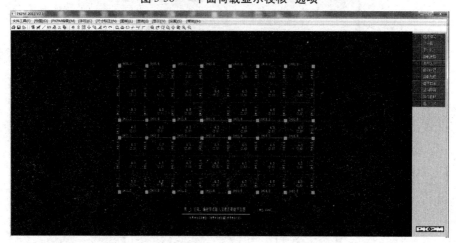

图 3-57　荷载校核简图

如果在此选项中发现荷载有错误,需要重新回到"建筑模型与荷载输入"选项中更改。

4 SATWE 结构内力与配筋计算分析

4.1 接 PM 生成 SATWE 数据

本例结构为 3 层,采用 SATWE – 8 对结构进行内力与配筋计算即可。

在 SATWE – 8 模块中选择第 1 项"接 PM 生成 SATWE 数据",如图 1-2 所示,单击"应用",或双击"接 PM 生成 SATWE 数据"选项,弹出"SATWE 前处理—接 PMCAD 生成 SATWE 数据"对话框,如图 4-1 所示,有"补充输入及 SATWE 数据生成"和"图形检查"两个菜单可供选择。

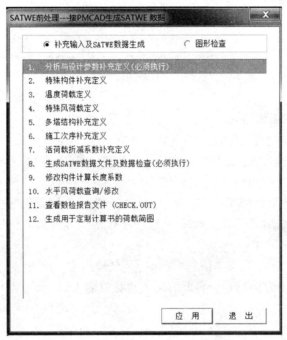

图 4-1 "SATWE 前处理—接 PMCAD 生成 SATWE 数据"对话框

4.1.1 补充输入及 SATWE 数据生成

"补充输入及 SATWE 数据生成"菜单中有 12 个选项,见图 4-1,其中第 1 项"分析与设计参数补充定义(必须执行)"与第 8 项"生成 SATWE 数据文件及数据检查(必须执行)"是必须要执行的两项,其余 10 项一般情况下可不执行。

4.1.1.1 分析与设计参数补充定义

双击图 4-1 中的"分析与设计参数补充定义(必须执行)"选项,弹出"分析与设计参数补充定义"对话框,如图 4-2 所示。

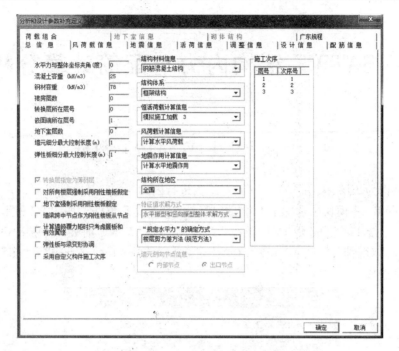

图 4-2　"分析与设计参数补充定义"对话框

1. 总信息

总信息子菜单界面如图 4-2 所示。

(1)水平力与整体坐标夹角(度):一般取 0。

《抗规》5.1.1 条第 2 款规定,有斜交抗侧力构件的结构,当相交角度大于 15°时,应分别计算各抗侧力构件方向的水平地震作用。

当计算地震夹角大于 15°时,给出水平力与整体坐标系的夹角(逆时针为正),程序改变整体坐标系,但不增加工况数。同时,该参数不仅对地震荷载起作用,对风荷载同样起作用。

通常情况下,当 SATWE 文本信息"周期、振型、地震力"中"地震作用最大的方向"大于 15°(包括 X、Y 两个方向)时,应将此方向夹角数值输入到"水平力与整体坐标夹角"中重新进行计算。

本例中此项为 0。

(2)混凝土容重(kN/m^3)、钢材容重(kN/m^3):此两项在 PMCAD 模块中的"楼层定义"中"设计参数"中已被定义,不需修改。

(3)裙房层数:根据实际工程情况填写。

由《高规》3.9.6 条可知,与主楼连为整体的裙楼的抗震等级不应低于主楼的抗震等级,主楼结构在裙房顶部上下各一层应适当加强抗震措施。由《抗规》6.1.3 条第 2 款可知,裙房与主楼相连,除应按裙房本身确定抗震等级外,相应范围不应低于主楼的抗震等级;主楼结构在裙房顶板对应的相邻上下各一层应适当加强抗震构造措施。裙房与主楼分离时,应按裙房本身确定抗震等级。

本参数必须按实际工程情况填写,使 PKPM 程序根据规范自动调整抗震等级,裙房层数包括地下室层数。本例中此项为0。

(4)转换层所在层号:根据实际工程情况填写。

由《抗规》3.4.4条第2款可知,平面规则而竖向不规则的建筑,刚度小的楼层的地震剪力应乘以1.15的增大系数;竖向不规则的建筑结构,竖向抗侧力构件不连续时,该构件传递给水平转换构件的地震内力应乘以1.25~2.0的增大系数;由《高规》4.3.12条可知,对于竖向不规则结构的薄弱层,水平地震剪力系数尚应乘以1.15的增大系数。

针对以上条文,PKPM程序通过自动计算楼层刚度比,来决定是否采用1.15的楼层剪力增大系数。但是只要有转换层,就必须人工输入"转换层所在层号",以准确实现水平转换构件的地震内力放大。

本参数必须按实际填写,转换层层号包括地下室层数。指定转换层层号后,框支梁、柱及转换层的弹性楼板还应在特殊构件定义中指定。本例中此项为0。

(5)嵌固端所在层号:无地下室时输入1,有地下室时输入"地下室层数+1"。

这里的嵌固端是指上部结构的计算嵌固端,注意嵌固端和嵌固端所在层号的区别,理论上讲嵌固端以下不参与抗震计算,当地下室顶板作为嵌固部位时,嵌固端所在层为地上一层,即"地下室层数+1";而如果在基础顶面嵌固,嵌固端所在层号为1。本例中此项为1。

(6)地下室层数:根据实际工程情况输入。

PKPM程序据此信息决定底部加强区范围和内力调整:内力组合计算时,其控制高度扣除了地下室部分;将抗震结构的底层内力调整系数乘在地下室的上一层;剪力墙的底部加强部位扣除地下室部分。

PKPM程序据该参数扣除地下室的风荷载,并对地下室的外围墙体进行土、水压力作用的组合,有人防荷载时考虑水平人防荷载。

本参数必须按实际工程情况输入,当地下室局部层数不同时,以主楼地下室层数输入。本例中此项为0。

(7)墙元细分最大控制长度(m):根据实际工程情况填写。

墙元细分最大控制长度是在墙元细分时需要的一个参数,对于尺寸较大的剪力墙,在做墙元细分形成一系列小壳元时,为确保分析精度,要求小壳元的边长不得大于给定限值,程序默认为1.0。对于尺寸较大的剪力墙,可取2.0;对于框支剪力墙结构和其他的复杂结构、短肢剪力墙等,可取1.0~1.5。本例此项选用程序缺省值1。

(8)对所有楼板强制采用刚性楼板假定:根据实际工程情况选择是否勾选。

《高规》5.1.5条规定,进行高层建筑内力与位移计算时,可假定楼板在其自身平面内为无限刚性。

一般建筑结构仅在计算位移比时建议选择,在进行结构内力分析和配筋计算时可不选择。

本例结构可以直接进行结构内力分析与配筋计算,此项不勾选。

(9)地下室强制采用刚性楼板假定:根据实际工程情况选择是否勾选。

当勾选"对所有楼层强制采用刚性楼板假定"时,地下室也包含在内。本参数的目的是针对只在地下室强制而地上不强制的情况。

本例建筑中没有地下室,此项不勾选。

(10)墙梁跨中节点作为刚性楼板从节点:根据实际工程情况选择是否勾选。

勾选此项时,剪力墙洞口上方墙梁的上部跨中节点(见图4-3圈示节点)将作为刚性楼板的从节点;不勾选时,这部分节点将作为弹性节点参与计算。是否勾选此项,其本质是确定连梁跨中节点与楼板之间的变形协调,将直接影响结构整体的分析和设计结果,尤其是墙梁的内力及设计结果。

不勾选此选项可以减少连梁超筋的问题,但楼会变柔,位移等指标会变差。

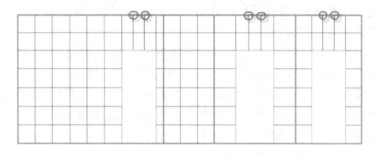

图4-3 墙梁跨中节点作为刚性楼板从节点

本例结构中没有剪力墙,此项不勾选。

(11)计算墙倾覆力矩时只考虑腹板和有效翼缘:根据实际工程情况选择是否勾选。

本参数旨在将剪力墙的设计概念与有限元分析的结果相结合,对在水平侧向力作用下的剪力墙的面外作用进行折减,并确定结构中剪力墙所承担的倾覆力矩。在确定折减系数时,同时考虑了腹板长度、翼缘长度、墙肢总高度和翼缘的厚度等因素。勾选该项后,软件对每一种方法得到的墙所承担的倾覆力矩均进行折减,因此对于框剪结构或者框筒结构中框架承担的倾覆力矩比例会增加,但短肢墙承担的作用一般会变小。

一般情况下此选项不勾选,当某方向主墙很短(短肢剪力墙)同时又有很多的翼墙时可以考虑勾选,否则这些短肢剪力墙可能配筋过大。

本例中没有剪力墙,此项不勾选。

(12)弹性板与梁变形协调:根据实际工程情况确定是否勾选。

SATWE可以按照全协调的模式进行有限元分析计算,但对梁板之间按照非协调模式处理是一个设计习惯。不勾选此项对大多数结构影响较小,而且可以提高计算效率。但对于个别情况,如板柱体系、斜屋面或者温度荷载等情况的计算,不勾选此项会造成较大偏差。

本例为普通框架结构,此项不勾选。

(13)结构材料信息、结构体系:此两项在PMCAD模块的"设计信息"中已介绍并设置。

(14)恒活荷载计算信息:这是竖向荷载计算控制参数,包括如下选项:不计算恒活荷载、一次性加载、模拟施工加载1、模拟施工加载2、模拟施工加载3,设计人员需要根据实际工程情况选择其中合适选项。

对于实际工程,总是需要考虑恒活荷载的,因此不允许选择"不计算恒活荷载"项。

　　"一次性加载"的主要原理是先假定结构已经完成,然后将荷载一次性加载到工程中。

　　"模拟施工加载1"的计算方法实际上也是先假定结构已经存在,只不过荷载采用分层加载的方式,因此与实际工程情况相比还是有一定的差别。

　　"模拟施工加载2"与"模拟施工加载1"相比,其主要区别在于先将竖向构件刚度放大10倍,然后按"模拟施工加载1"的方式进行加载。这样做的目的是削弱竖向荷载按构件刚度的重分配,使柱、墙上分得的轴力比较均匀,接近手算结果,传给基础的荷载更为合理。

　　鉴于上述施工加载方式所存在的问题,新的 SATWE 软件在原来的基础上增加了"模拟施工加载3"。该方法考虑施工过程的影响,比较真实地模拟结构竖向荷载的加载过程,即分层计算各层刚度后,再分层施加竖向荷载。采用此方法计算出来的结果最为符合工程实际。

　　《高规》5.1.9 条规定,高层建筑结构在进行重力荷载作用效应分析时,柱、墙、斜撑等构件的中轴向变形宜采用适当的计算模型考虑施工过程的影响;复杂高层建筑及房屋大于 150 m 的其他高层建筑结构,应考虑施工过程的影响。所以对于高层建筑物,宜选用"模拟施工加载3";对于复杂高层建筑及房屋大于 150 m 的其他高层建筑结构,必须选用"模拟施工加载3";其他普通建筑结构,优先选用"模拟施工加载3"。

　　本例选择"模拟施工加载3"选项。

　　(15)风荷载计算信息:根据实际工程情况确定。

　　一般来说,大部分工程采用 SATWE 缺省的"计算水平风荷载"即可,如需考虑更细致的风荷载,则可通过"特殊风荷载"实现。"风荷载计算信息"包括如下选项:

　　①不计算风荷载:任何风荷载均不计算。

　　②计算水平风荷载:仅水平风荷载参与内力分析和组合。

　　③计算特殊风荷载:仅特殊风荷载参与内力计算和组合。

　　④计算水平和特殊风荷载:水平风荷载和特殊风荷载同时参与内力分析和组合。这个选项只用于极特殊的情况,一般工程不建议采用。

　　本例选择"计算水平风荷载"选项。

　　(16)地震作用计算信息:根据实际工程情况确定。

　　①不计算地震作用:对于不进行抗震设防的地区或者抗震设防烈度为 6 度时的部分结构,《抗规》3.1.2 条规定可以不进行地震作用计算。

　　由《抗规》5.1.6 条第 1 款可知:6 度时的部分建筑,应允许不进行截面抗震验算,但应符合有关的抗震措施要求。因此,这类结构在选择"不计算地震作用"的同时,仍然要在"地震信息"页中指定抗震等级,以满足抗震构造措施的要求。此时,"地震信息"页除抗震等级相关参数外其余项会变灰。

　　②计算水平地震作用:除了①中的情况,其余情况下的建筑均需要计算水平地震作用,此项是计算 X、Y 两个方向的地震作用。

　　③计算水平和规范简化方法竖向地震:按《抗规》5.3.1 条规定的简化方法计算竖向地震。

根据《抗规》5.1.1 条第 4 款的规定,8、9 度时的大跨度和长悬臂结构及 9 度时的高层建筑,应计算竖向地震作用。

④计算水平和反应谱方法竖向地震:按竖向振型分解反应谱方法计算竖向地震。由《高规》4.3.14 条可知,跨度大于 24 m 的楼盖结构、跨度大于 12 m 的转换结构和连体结构、悬挑长度大于 5 m 的悬挑结构,结构竖向地震作用效应标准值宜采用时程分析方法或振型分解反应谱方法进行计算。

本例选择"计算水平地震作用"选项。

(17)结构所在地区:根据实际工程情况进行选择。

"结构所在地区"包括全国、上海、广东,分别采用中国国家规范、上海地区规程和广东地区规程。B 类建筑和 A 类建筑选项只在鉴定加固版本中才可选择。

本例选择"全国"选项。

(18)特征值求解方式:一般选择"水平振型和竖向振型整体求解"方式。

此项仅在用户选择了"计算水平和反应谱方法竖向地震"时,程序才允许选择"特征值求解方式"。程序提供了两个选项供用户选择:

①水平振型和竖向振型整体求解:只做一次特征值分析。

②水平振型和竖向振型独立求解:做两次特征值分析。

一般情况下应选择"水平振型和竖向振型整体求解"方式,以真实反映水平与竖向振动间的耦联。

本例中此项为灰色,不可选。

(19)"规定水平力"的确定方式:一般选择"楼层剪力差方法(规范方法)",规定水平力主要用在两个地方:算位移比时和算倾覆力矩时。

《抗规》中表 3.4.3－1 条规定:在规定水平力下楼层的最大弹性水平位移或层间位移,大于该楼层两端弹性水平位移或层间位移平均值的 1.2 倍。《高规》3.4.5 条规定:在考虑偶然偏心影响的规定水平地震力作用下……。

《抗规》6.1.3 条第 1 款规定:设置少量抗震墙的框架结构,在规定的水平力作用下,底层框架部分所承担的地震倾覆力矩大于结构总地震倾覆力矩的 50% 时……。《高规》8.1.3 条规定:抗震设计的框架－剪力墙结构,应根据在规定的水平力作用下……。

以上《抗规》和《高规》条文明确要求位移比和倾覆力矩的计算要在规定水平力作用下进行计算。2010 版 SATWE 根据规范要求会输出规定水平力的数值及规定水平力作用下的位移比和倾覆力矩结果。

"规定水平力"的确定方法,依据《高规》3.4.5 条,采用楼层地震剪力差的绝对值作为楼层的规定水平力,即选项"楼层剪力差方法(规范方法)",一般情况下建议选择此项方法。"节点地震作用 CQC 组合方法"是程序提供的另一种方法,其结果仅供参考。

本例选择"楼层剪力差方法(规范方法)"选项。

2. 风荷载信息

风荷载信息子菜单界面如图 4-4 所示。

(1)地面粗糙度类别、修正后的基本风压(kN/m^2):此两项在 PMCAD 模块中"设计参数"中已经介绍并设置。

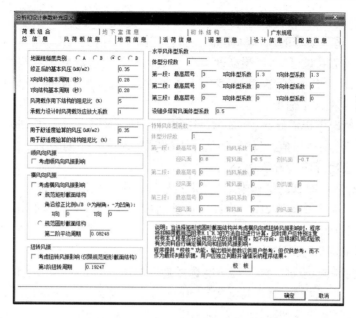

图4-4　风荷载信息子菜单界面

（2）X、Y 向结构基本周期（秒）：此项用于 X 向和 Y 向风荷载中风振系数的计算。

对于比较规则的结构，可采用近似方法计算基本周期：框架结构 $T = (0.08 \sim 0.1)N$；框剪结构、框筒结构 $T = (0.06 \sim 0.08)N$；剪力墙结构、筒中筒结构 $T = (0.05 \sim 0.06)N$，其中 N 为结构层数。

设计人员也可以先按照程序给定的缺省值对结构进行计算，计算完成后再将程序输出的第一平动周期值填入即可。如果不想考虑风振系数的影响，可在此处输入一个小于 0.25 的值。

本例输入的是利用近似方法计算得到的值：0.28。

（3）风荷载作用下结构的阻尼比（%）：SATWE 会根据结构材料信息自动确定。

与"X、Y 向结构基本周期"相同，该参数也用于计算风荷载中的风振系数。新建工程第一次进入 SATWE 时，会根据结构材料信息自动对"风荷载作用下结构的阻尼比（%）"赋初值：混凝土结构及砌体结构为 0.05，有填充墙钢结构为 0.02，无填充墙钢结构为 0.01。

本例此项采用程序缺省值 0.05。

（4）承载力设计时风荷载效应放大系数：根据实际工程情况确定。

由《高规》4.2.2 条可知，对风荷载比较敏感的高层建筑，承载力设计时应按基本风压的 1.1 倍采用。对于正常使用极限状态设计，一般仍可采用基本风压值或由设计人员根据实际工程情况确定，也就是说，部分高层建筑在风荷载承载力设计和正常使用极限状态设计时，可能需要采用两个不同的风压值。为此，SATWE 新增了"承载力设计时风荷载效应放大系数"，用户只需按照正常使用极限状态确定风压值，程序在进行风荷载承载力设计时，将自动对风荷载效应进行放大，相当于对承载力设计时的风压值进行了提高，这样一次计算就可同时得到全部结果。

本例此项采用程序缺省值 1。

(5)用于舒适度验算的风压(kN/m²):根据实际工程情况确定。

由《高规》3.7.6 条可知,房屋高度不小于 150 m 的高层混凝土建筑结构应满足风振舒适度要求。SATWE 根据《高钢规》5.5.1 条第 4 款,对风振舒适度进行验算,验算结果在 WMASS. OUT 文件中输出。

此项一般情况下无需修改,与基本风压相同。但当房屋高度大于 150 m 时,采用 $n = 10$ 年(10 年一遇)的风压值,具体风压值需查《荷规》附录 E 中的表 E.5。

本例此项采用程序缺省值 0.35。

(6)用于舒适度验算的结构阻尼比(%):根据实际工程情况确定。

按照《高规》3.7.6 条的规定,验算风振舒适度时结构阻尼比宜取 0.01 ~ 0.02,混凝土结构一般取 0.02。

本例此项采用程序缺省值 0.02。

(7)顺风向风振:根据实际工程情况选择是否勾选。

《荷规》8.4.1 条规定:对于高度大于 30 m 且高宽比大于 1.5 的房屋,以及基本自振周期 T_1 大于 0.25 s 的各种高耸结构,应考虑风压脉动对结构产生顺风向风振的影响。当计算中需考虑顺风向风振时,应勾选该选项,程序自动按照规范要求进行计算。

本例中,建筑高度只有 10.8 m,可以不用考虑顺风向风振,所以此项没有勾选。

(8)横风向风振:根据实际工程情况选择是否勾选。

根据《荷规》8.5.1 条的规定,对于横风向风振作用效应明显的高层建筑以及细长圆形截面构筑物,宜考虑横风向风振的影响。《荷规》8.5.1 条条文说明解释,横风向风振作用效应明显的建筑物是建筑高度超过 150 m 或高宽比大于 5 的高层建筑。

本例此项没有勾选。

(9)扭转风振:根据实际工程情况选择是否勾选。

根据《荷规》8.5.4 条的规定,对于扭转风振作用效应明显的高层建筑及高耸结构,宜考虑扭转风振的影响。《荷规》8.5.4 条条文说明解释,扭转风振效应明显的建筑物是建筑高度超过 150 m,同时满足高宽比大于等于 3、截面深宽比大于等于 1.5、折算风速度大于等于 0.4 的高层建筑。

本例此项没有勾选。

(10)水平风体型系数:此项在 PMCAD 模块"设计参数"中已经介绍并设置。

(11)设缝多塔背风面体型系数:根据实际工程情况进行输入。

在计算有变形缝的结构时,如果设计人员将该结构以变形缝为界定义成多塔,程序在计算各塔的风荷载时,仍将设缝处作为迎风面,这样会造成计算的风荷载偏大。为了扣除设缝处遮挡面的风荷载,可以指定各塔的遮挡面,此时程序在计算风荷载时,将采用此时输入的"设缝多塔背风面体型系数"对遮挡面的风荷载进行扣减。

对于缝隙很小的矩形单塔,该系数可取软件默认值 0.5,设计人员可按工程实际情况调整输入。如果将此系数填为 0,则相当于不考虑遮挡面的影响。

本例此项采用的是程序缺省值 0.5。

（12）特殊风体型系数：只有在"总信息"页"风荷载计算信息"下拉框中选择"计算特殊风荷载"或者"计算水平和特殊风荷载"时，此项才变亮且允许修改，否则为灰，不可修改。

3. 地震信息

地震信息子菜单界面如图4-5所示。

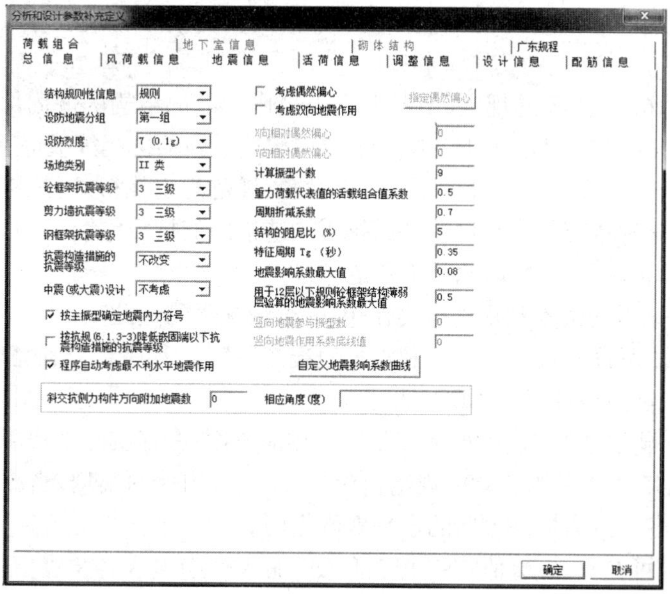

图4-5 地震信息子菜单界面

（1）结构规则性信息：该参数在程序内部不起作用，仅在导出的说明书中有所体现。根据《抗规》3.4.3条判断结构的规则性。本例中此项选择"规则"。

设防地震分组、设防烈度、场地类别、抗震等级以及抗震构造措施的抗震等级在第3.5.3节中已经介绍并输入，不再赘述。

（2）中震（或大震）设计：包含"不考虑"、"中震（或大震）弹性设计"和"中震（或大震）不屈服设计"，一般选择"不考虑"。

依据《高规》第3.11节，综合其提出的5类性能水准结构的设计要求，SATWE 提供了"中震（或大震）弹性设计"、"中震（或大震）不屈服设计"两种方法。无论选择弹性设计还是不屈服设计，均应在"地震影响系数最大值"中填入中震或大震的地震影响系数最大值，程序将自动执行如下调整：

①中震（或大震）弹性设计：与抗震等级有关的增大系数均取为1。

②中震（或大震）不屈服设计：荷载分项系数均取为1，与抗震等级有关的增大系数均取1，钢筋和混凝土材料强度采用标准值。

本例此项选择"不考虑"。

（3）按主振型确定地震内力符号：一般情况下勾选此项。

按照《抗规》公式（5.2.2-3）确定水平地震作用效应时，公式本身并不含符号，因此地震作用效应的符号需要单独指定。SATWE 的传统规则为：在确定某一内力分量时，取各振型下该分量绝对值最大的符号作为 CQC 计算以后的内力符号。而当选用该参数时，程序根据主振型下地震效应的符号确定考虑扭转耦联后的效应符号，其优点是确保地震效应符号的一致性，但由于涉及主振型的选取，因此在多塔结构中的应用有待进一步研究。

本例中此选项勾选。

(4)按《抗规》(6.1.3 - 3)降低嵌固端以下抗震构造措施的抗震等级：一般情况下勾选此项。

根据《抗规》6.1.3 - 3 的规定，当地下室顶板作为上部结构的嵌固部位时，地下一层的抗震等级与上部结构相同，地下一层以下抗震构造措施的抗震等级可逐层降低一级，但不应低于四级。勾选该选项之后，程序将自动按照规范规定执行，用户将无需在"特殊构件补充定义"中单独指定相应楼层构件的抗震构造措施的抗震等级。

本例建筑没有地下室，所以此项不勾选。

(5)程序自动考虑最不利水平地震作用：一般情况下勾选此项。

当用户勾选"程序自动考虑最不利水平地震作用"后，程序将自动完成最不利水平地震作用方向的地震效应计算。本例中此项勾选。

(6)斜交抗侧力构件方向附加地震数以及相应角度：根据实际工程情况进行填写。

根据《抗规》5.1.1 条第 2 款的规定，有斜交抗侧力构件的结构，当相交角度大于 15°时，应分别计算各抗侧力构件方向的水平地震作用。

附加地震数可在 0 ~ 5 取值，在"相应角度"输入框中填入各角度值。该角度是与整体坐标系 X 轴正方向的夹角，单位为度，逆时针方向为正，各角度之间以逗号或空格隔开。

当用户在"总信息"页修改了"水平力与整体坐标夹角"时，应按新的结构布置角度确定附加地震的方向。

本例中斜交抗侧力构件方向附加地震数为 0。

(7)考虑偶然偏心：根据实际工程情况选择是否勾选。

对于高层建筑，即便是均匀、对称的结构，也应考虑偶然偏心的影响；对于多层建筑，则可不考虑偶然偏心的影响。

当用户勾选了"考虑偶然偏心"后，程序允许用户修改 X 向和 Y 向的相对偶然偏心值，缺省值为 0.05。《高规》4.3.3 条规定，计算单向地震作用时应考虑偶然偏心的影响，附加偏心距可取与地震作用方向垂直的建筑物边长的 5%。

《高规》4.3.3 条的条文说明规定，当楼层平面有局部突出时，可按等效尺寸计算偶然偏心。程序总是采取各楼层最大外边长计算偶然偏心，用户如需按此条规定细致考虑，可在此修改相对偶然偏心值。

程序在进行偶然偏心计算时，总是假定结构所有楼层同时向某个方向偏心，对于不同楼层向不同方向运动的情况(比如某一楼层向 X 正向运动，另一楼层沿 X 负向运动)，程序没有考虑。

本例此项没有勾选。

(8)考虑双向地震作用：根据实际工程情况确定是否勾选。

根据《抗规》5.1.1 条第 3 款的规定,质量和刚度分布明显不对称、不规则的结构,应计入双向水平地震作用下的扭转影响。不规则建筑结构的定义详见《抗规》3.4.3 条规定。

本例此项没有勾选。

(9)计算振型个数:此项在第 3.5.3 节中已经详细介绍并设置。

(10)重力荷载代表值的活载组合值系数:根据实际工程情况确定。

依据《抗规》5.1.3 条,计算地震作用时,重力荷载代表值取结构和构配件自重标准值与各可变荷载组合值之和,对于不同的可变荷载,其组合值系数可能不同,应按《抗规》表 8.1.3 采用。

当"地震信息"页中修改了"活荷重力代表值组合系数"时,"荷载组合"页中"活荷重力代表值系数"将联动改变。

本例中选用程序缺省值 0.5。

(11)周期折减系数:此项在第 3.5.3 节中已经详细介绍并设置。

(12)结构的阻尼比(%):根据实际工程情况输入。

此项是用于地震作用计算的阻尼比。一般情况下混凝土结构阻尼比取 0.05。

《抗规》8.2.2 条规定,钢结构抗震计算的阻尼比宜符合下列规定:

①多遇地震下的计算,高度不大于 50 m 时可取 0.04;高度大于 50 m 且小于 200 m 时,可取 0.03;高度不小于 200 m 时,宜取 0.02。

②当偏心支撑框架部分承担的地震倾覆力矩大于结构总地震倾覆力矩的 50% 时,其阻尼比可比本条①款相应增加 0.005。

③在罕遇地震下的弹塑性分析,阻尼比可取 0.05。

本例中结构为钢筋混凝土结构,所以采用程序缺省值 0.05。

(13)特征周期 T_g(s)、地震影响系数最大值、用于 12 层以下规则混凝土框架结构薄弱层验算的地震影响系数最大值(罕遇地震):采用程序缺省值。

程序缺省依据《抗规》,由"总信息"页"结构所在地区""地震信息"页"场地类别"和"设计地震分组"三个参数确定"特征周期"的缺省值;"地震影响系数最大值"和"用于 12 层以下规则混凝土框架结构薄弱层验算的地震影响系数最大值"则由"总信息"页"结构所在地区"和"地震信息"页"设防烈度"两个参数共同控制。当改变上述相关参数时,程序将自动按规范重新判断特征周期或地震影响系数最大值。

本例中此三项采用程序缺省值,见图 4-5。

(14)竖向地震参与振型数:根据实际工程情况确定。

一般是灰色状态,不允许修改。当"总信息"页"特征值求解方式"项选择"水平振型和竖向振型独立求解方式"时,应在此处填写竖向地震参与振型数,以用于竖向地震作用的计算。本例此项无需修改。

(15)竖向地震作用系数底线值:根据实际工程情况确定。

此项一般情况下也为灰色,不允许修改。

《高规》4.3.15 条规定:高层建筑中,大跨度结构、悬挑结构、转换结构、连体结构的连接体的竖向地震作用标准值,不宜小于结构或构件承受的重力荷载代表值与表 4.3.15 所规定的竖向地震作用系数的乘积。

程序设置"竖向地震作用系数底线值"用以确定竖向地震作用的最小值。当振型分解反应谱方法计算的竖向地震作用小于该值时,程序将自动取该参数确定的竖向地震作用底线值。需要注意的是,当用该底线值调控时,相应的有效质量系数应该达到90%以上。

本例此项无需修改。

(16)自定义地震影响系数曲线:一般不用此项。

点击该按钮,在弹出的对话框中可查看按规范公式绘制的地震影响系数曲线,并可在此基础上根据需要进行修改,形成自定义的地震影响系数曲线。本例不对此项进行任何操作。

4.活荷载信息

活荷载信息子菜单界面如图4-6所示。

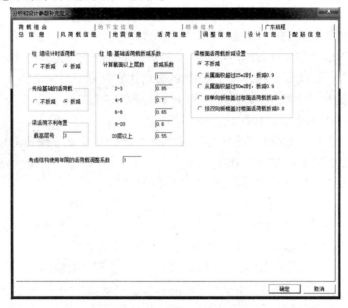

图4-6　活荷载信息子菜单界面

(1)柱、墙、基础设计时活荷载:一般勾选"折减"。

由《荷规》5.1.2条可知,梁、墙、柱及基础设计时,可对楼面活荷载进行折减。

为了避免活荷载在 PMCAD 和 SATWE 中出现重复折减的情况,建议用户当使用 SATWE 进行结构计算时,不要在 PMCAD 中进行活荷载折减,而是统一在 SATWE 中进行梁、柱、墙和基础设计时的活荷载折减。

此处指定的"传给基础的活荷载"是否折减仅用于 SATWE 设计结果的文本及图形输出,在接力 JCCAD 时,SATWE 传递的内力为没有折减的标准内力,由用户在 JCCAD 中另行指定折减信息。

(2)梁活荷不利布置最高层号:根据实际工程情况填写。

若将此参数填0,表示不考虑梁活荷载不利布置作用;若填入大于零的数 N_L,则表示

从 $1 \sim N_L$ 各层考虑梁活荷载的不利布置,而 $N_L + 1$ 层以上则不考虑活荷载不利布置,若 N_L 等于结构的层数 N_{st},则表示对全楼所有层都考虑活荷载的不利布置。

由《高规》5.1.8 条的规定可知,高层建筑结构内力计算中,当楼面活荷载大于 4 kN/m^2 时,应考虑楼面活荷载不利布置引起的结构内力的增大。

建议一般多层混凝土结构应取全部楼层,高层宜取全部楼层。本例中此项输入值为 3。

(3)柱墙基础活荷载折减系数:此处所有参数值一般不修改。

此处分 6 挡给出了"计算截面以上的层数"和相应的折减系数,这些参数是根据《荷规》给出的隐含值确定的,一般不进行修改。

(4)考虑结构使用年限的活荷载调整系数:此项在第 3.5.1 节中已详细介绍并设置。

(5)梁楼面活荷载折减设置:用户可以根据实际工程情况选择不折减或者相应的折减方式,确定依据为《荷规》5.1.2 条。本例选择"不折减"。

5.调整信息

调整信息子菜单界面如图 4-7 所示。

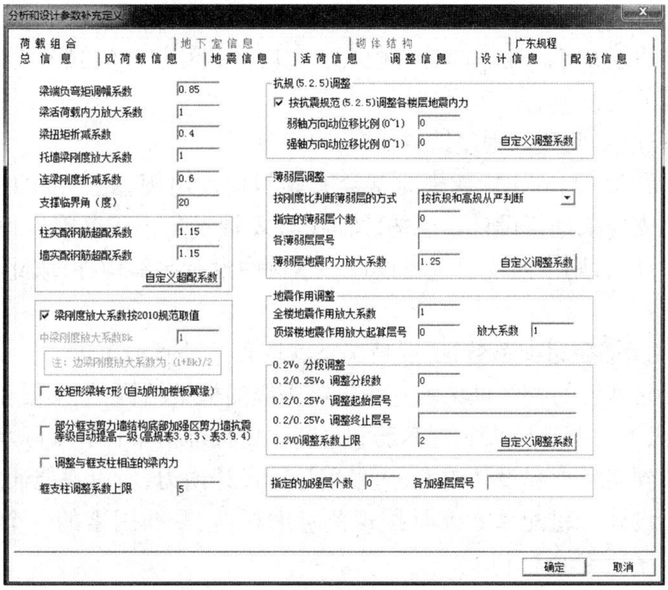

图 4-7 调整信息子菜单界面

(1)梁端负弯矩调幅系数:此项在第 3.5.1 节中已详细介绍并设置。

(2)梁活荷载内力放大系数:根据实际工程情况确定。

该参数用于考虑活荷载不利布置对梁内力的影响。将活荷载作用下的梁内力(包括弯矩、剪力、轴力)进行放大,然后与其他荷载工况进行组合。一般工程建议取值 1.1 ~ 1.2。如果已经考虑了活荷载不利布置,则应填 1。本例中此项输入值为 1。

(3)梁扭矩折减系数:根据实际工程情况确定。

《高规》5.2.4 条规定,高层建筑结构楼面梁受扭计算中未考虑楼盖对梁扭转的约束作用时,可对梁的扭矩乘以折减系数予以折减;梁扭矩折减系数应根据梁周围楼盖的约束情况确定。

折减系数可在 0.4 ~ 1.0 范围内取值,一般可取为 0.4。

当楼面采用刚性楼板假定时,程序会考虑楼板的约束作用,读取用户输入的梁扭矩折减系数;当楼面采用弹性板假定时或者梁两边一侧为刚性板另一侧为弹性板时,程序对该梁不考虑扭矩折减系数。

本例此项取程序缺省值 0.4。

(4)托墙梁刚度放大系数:根据实际工程情况确定。

托墙梁特指直接与剪力墙墙柱部分直接相接、共同工作的转换梁部分。一根托墙梁上全为墙且没有开洞口时刚度可以放大(以前做法可放大 100 倍),如果有开洞口则不宜放大,否则梁一部分刚度很大一部分很小,刚度混乱。本例中没有托墙梁,此项取程序缺省值 1。

(5)连梁刚度折减系数:根据实际工程情况确定。

根据《高规》5.2.1 条的规定,高层建筑结构地震作用效应计算时,可对剪力墙连梁刚度予以折减,折减系数不宜小于 0.5。指定该折减系数后,程序在计算时只在集成地震作用计算刚度阵时进行折减,竖向荷载和风荷载计算时连梁刚度不予折减。

该系数不能小于 0.5,一般可取:6 度区为 0.7,7 度区为 0.6(或 0.7),8 度区为 0.5,不然连梁容易超筋。

本例中没有连梁,此项取程序缺省值 0.6。

(6)支撑临界角(°):在 PM 建模时常会有倾斜构件出现,此角度即用来判断构件是按照柱还是按照支撑来进行设计。当构件轴线与 Z 轴夹角小于该临界角度时,程序对构件按照柱进行设计,否则按照支撑进行设计。本例中没有倾斜构件,取此项的程序缺省值 20。

(7)柱、墙实配钢筋超配系数:一般情况下就取程序缺省值 1.15。

对于 9 度设防烈度的各类框架和一级抗震等级的框架结构,框架梁和连梁端部剪力、框架柱端部弯矩、剪力调整应按实配钢筋和材料强度标准值来计算实际承载设计内力,但在计算时因得不到实际承载设计内力,而采用计算设计内力,所以只能通过调整计算设计内力的方法进行设计。超配系数就是按规范考虑材料、配筋因素的一个附加放大系数。本例中此项取程序缺省值 1.15。

(8)中梁刚度放大系数:根据实际工程情况确定。

对于现浇楼盖和装配整体式楼盖,宜考虑楼板作为翼缘对梁刚度和承载力的影响。SATWE 可采用"梁刚度放大系数"对梁刚度进行放大,近似考虑楼板对梁刚度的贡献。

《高规》5.2.2 条规定,在结构内力与位移计算中,现浇楼盖和装配整体式楼盖中,梁的刚度可考虑翼缘的作用予以增大。近似考虑时,楼面梁刚度增大系数可根据翼缘情况取 1.3 ~ 2.0。对于无现浇面层的装配式结构,可不考虑楼面翼缘的作用。按照《高规》5.2.2 条文说明的建议,中梁该系数可取 2.0,边梁可取 1.5。该值的大小对结构的周期、位移等均有影响。一般而言,填入此参数后,梁的刚度增大,内力也会相应增大。

本例中此项为灰色,不需修改。

(9)梁刚度放大系数按 2010 规范取值:一般情况下建议勾选此项。

考虑楼板作为翼缘对梁刚度的贡献时,对于每根梁,由于截面尺寸和楼板厚度等差异,其刚度放大系数可能各不相同。SATWE 提供了按 2010 规范取值的选项,勾选此项后,程序将根据《混规》5.2.4 条的表格,自动计算每根梁的楼板有效翼缘宽度,按照 T 形截面与梁截面的刚度比例,确定每根梁的刚度系数。如果不勾选,则仍按上一条所述,对全楼指定唯一的刚度系数。

本例中此项勾选。

(10)混凝土矩形梁转 T 形(自动附加楼板翼缘):一般情况下不勾选此项,实际还是按矩形梁设计配筋。

《混规》5.2.4 条规定,对现浇楼盖和装配整体式楼盖,宜考虑楼板作为翼缘对梁刚度和承载力的影响。程序新增此项参数,以提供承载力设计时考虑楼板作为梁翼缘的功能。当勾选此项时,程序自动将所有混凝土矩形截面转换成 T 形截面,在刚度计算和承载力设计时均采用新的 T 形截面,此时梁刚度放大系数程序将自动置为 1,翼缘宽度的确定采用《混规》表 5.2.4(修订后)的方法。

本例中此项不勾选。

(11)部分框支剪力墙结构底部加强区剪力墙抗震等级自动提高一级:一般情况下建议勾选此项。

由《高规》表 3.9.3、表 3.9.4 可知,部分框支剪力墙结构底部加强区和非底部加强区的剪力墙抗震等级可能不同。

对于部分框支剪力墙结构,如果用户在"地震信息"页"剪力墙抗震等级"中填入部分框支剪力墙结构中一般部位剪力墙的抗震等级,并在此勾选了"部分框支剪力墙结构底部加强区剪力墙抗震等级自动提高一级",程序将自动对底部加强区的剪力墙抗震等级提高一级。

本例为框架结构,此项不勾选。

(12)调整与框支柱相连的梁内力:根据实际工程情况确定是否勾选。

由《高规》10.2.17 条可知,框支柱剪力调整后,应相应调整框支柱的弯矩及柱端梁(不包括转换梁)的剪力、弯矩,而框支梁的剪力与弯矩、框支柱的轴力可不调整。

程序自动对框支柱的剪力和弯矩进行调整,与框支柱相连的框架梁的剪力和弯矩是否进行相应调整,由设计人员决定,并通过此项参数进行控制。由于框支柱的内力调整幅度较大,因此若相应调整框架梁的内力,则有可能使框架梁设计不下来。

本例中没有框支柱,此项不勾选。

(13)框支柱调整系数上限:由于程序计算的框支柱的调整系数值可能很大,用户可设置调整系数的上限值,这样程序进行相应调整时,采用的调整系数将不会超过这个上限值。程序缺省框支柱调整上限为 5.0,可以自行修改。

本例中没有框支柱,此项不需要设置,取程序缺省值即可。

(14)按抗震规范 5.2.5 条调整:一般情况下建议勾选。

《抗规》5.2.5 条规定,抗震验算时,结构任一楼层的水平地震的剪重比不应小于表 5.2.5 给出的最小地震剪力系数 λ。如果用户勾选该项,程序将自动进行调整。本例勾选此项。

（15）弱、强轴方向动位移比例：根据实际工程情况确定。

程序所说的弱轴对应结构长周期方向，强轴对应短周期方向。

《抗规》5.2.5 条条文说明中明确了三种调整方式：加速度段、速度段和位移段。当动位移比例填 0 时，程序采取加速度段方式进行调整；动位移比例填 1 时，采用位移段方式进行调整；动位移比例填 0.5 时，采用速度段方式进行调整。

本例此项取程序缺省值 0。

（16）按刚度比判断薄弱层的方式：一般选择"按《抗规》和《高规》从严判断"。

程序修改了原有"按《抗规》和《高规》从严判断"的默认做法，改为提供"按《抗规》和《高规》从严判断""仅按《抗规》判断""仅按《高规》判断"和"不自动判断"四个选项供用户选择。程序默认值仍为从严判断。本例中的建筑不属于高层建筑，可以选择"仅《按抗》规判断"，也可以采用程序默认选项"按《抗规》和《高规》从严判断"。

（17）指定的薄弱层个数及相应的各薄弱层层号：根据实际工程情况确定。

SATWE 自动按楼层刚度比判断薄弱层并对薄弱层进行地震内力放大，但对于竖向抗侧力构件不连续或承载力变化不满足要求的楼层，不能自动判断为薄弱层，需要用户在此指定。填入薄弱层楼层号后，程序对薄弱层构件的地震作用内力按"薄弱层地震内力放大系数"进行放大。输入各层号时以逗号或空格隔开。

该选项所指的是多遇地震下的薄弱层。由《抗规》3.4.3 条及《高规》3.5.2 条第 1 款可知，其楼层侧向刚度不宜小于上部相邻楼层侧向刚度的 70% 或其上相邻三层侧向刚度平均值的 80%。当程序发现其刚度比的计算结果不满足规范要求时，程序会自动乘以 1.15 的放大系数。但对于有些工程，比如框支剪力墙结构，由于竖向刚度不连续，转换层处应定义为薄弱层。但在运用 SATWE 等软件计算时，有时可能判断不出来，因此对于这样的工程，应由设计人员人工定义薄弱层。指定薄弱层层号后，不影响程序自动判断结构其他的薄弱层。

要指出的是，SATWE 程序虽然给出了结构楼层受剪承载力的比值，但没有按照该比值的大小判断薄弱层，设计人员应根据该比值人为指定结构薄弱层所在层号。

多塔结构还可在"多塔结构补充定义"→"多塔立面"菜单分塔指定薄弱层。

本例中结构没有薄弱层，此项"薄弱层个数"为 0。

（18）薄弱层地震内力放大系数、自定义调整系数：根据实际工程情况确定。

由《抗规》3.4.4 条第 2 款可知，薄弱层的地震剪力增大系数不小于 1.15。《高规》3.5.8 条规定：地震作用标准值的剪力应乘以 1.25 的增大系数。SATWE 对薄弱层地震剪力调整的做法是直接放大薄弱层构件的地震作用内力，因此新版增加了"薄弱层地震内力放大系数"，由用户指定放大系数，以满足不同需求。本例中结构没有薄弱层，此项取程序缺省值 1.25。

（19）全楼地震作用放大系数：根据实际工程情况确定。

用户可通过此参数来放大全楼地震作用，提高结构的抗震安全度，其经验取值范围是 1.0～1.5。

一般情况下，可以不用考虑"全楼地震作用放大系数"。除非特殊情况，比如当采用弹性动力时程分析方法计算出的楼层剪力大于采用振型分解法计算出的楼层剪力时，可填入此参数。

本例此项取程序缺省值 1。

(20)顶塔楼地震作用放大起算层号及放大系数:根据实际工程情况确定。

用户可通过该系数来放大结构顶部塔楼的地震内力。若不调整顶部塔楼的内力,可将起算层号填为 0。另外,该系数仅放大顶塔楼的地震内力,并不改变位移计算结果。

《抗规》5.2.1 条规定,只有采用底部剪力法时,才考虑顶塔楼地震作用放大系数。目前的 TAT 和 SATWE 软件均采用振型分解法计算地震力,因此只要将振型数给得足够,一般可以不用考虑将顶塔楼地震力放大。

本例此项取程序缺省值 0。

(21)$0.2V_0$ 分段调整:根据实际工程情况确定。

在此处指定 $0.2V_0$ 调整的分段数、每段的起始层号和终止层号,以空格或逗号隔开。如:分三段调整,第一段为 1 至 10 层,第二段为 11 至 20 层,第三段为 21 至 30 层,则应填入分段数为 3,起始层号为 1、11、21,终止层号为 10、20、30。如果不分段,则分段数填 1。如不进行 $0.2V_0$ 调整,应将分段数填为 0。

$0.2V_0$ 调整系数的上限值由参数"$0.2V_0$ 调整系数上限"控制,即如果程序计算的调整系数大于此处指定的上限值,则按上限值进行调整。如果将某一段起始层号填为负值,则该段调整系数不受上限控制,取程序实际计算的调整系数。

本例此项所有参数均取程序缺省值。

(22)指定的加强层个数:根据实际工程情况确定。

用户在此处指定加强层个数及相应的各加强层层号,各层号之间以逗号和空格分隔。此项设置后,程序将自动实现如下功能(见《高规》10.3.3 条):

①加强层及相邻层柱、墙抗震等级自动提高一级;

②加强层及相邻层框架柱轴压比限值减小 0.05(加强层及相邻层的框架柱的箍筋应全柱段加密配置);

③加强层及相邻层剪力墙设置约束边缘构件。

多塔结构还可在"多塔结构补充定义"→"多塔立面"菜单下分塔指定加强层。

本例此项取程序缺省值 0。

6. 设计信息

设计信息子菜单界面如图 4-8 所示。

(1)结构重要性系数:此项在第 3.5.1 节中已经详细介绍并设置。

(2)钢构件截面净毛面积比:根据实际工程情况确定。

此参数的含义是钢构件截面净面积与毛面积的比值,一般取程序缺省值 0.85。如果节点连接为狗骨式连接,则不为 0.85,要通过计算获得。

本例结构中没有钢构件,所以此项不修改,采用程序缺省值 0.85。

(3)梁按压弯计算的最小轴压比:根据实际工程情况确定。

梁承受的轴力一般较小,默认按照受弯构件计算。实际工程中某些梁可能承受较大的轴力,此时应按照压弯构件进行计算。该值用来控制梁按照压弯构件计算的临界轴压比,程序缺省值为 0.15。当计算轴压比大于该临界值时按照压弯构件计算,此处计算轴

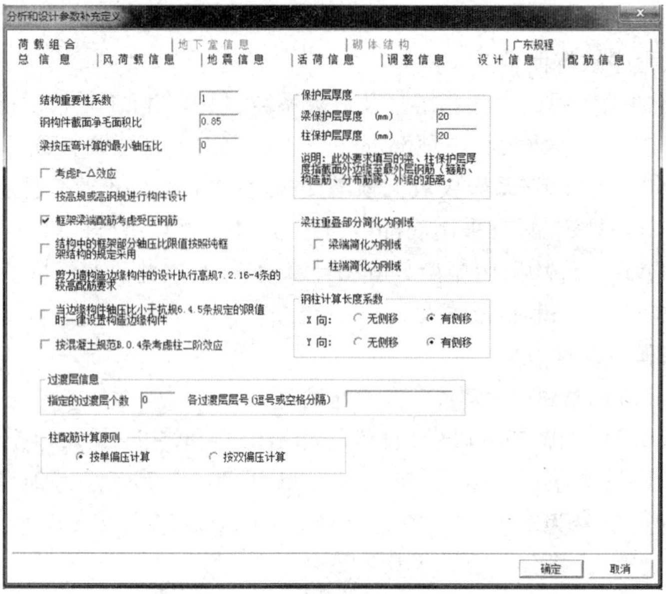

图 4-8 设计信息子菜单界面

压比指的是所有抗震组合和非抗震组合轴压比的最大值。如用户填入 0,则表示梁全部按受弯构件计算。

本例中梁构件全部按受弯构件计算,所以此项不修改,采用程序缺省值 0。

(4)考虑 P – Δ 效应:根据实际工程情况确定是否勾选。

勾选该项后,程序在整体分析时将自动考虑重力二阶效应。

对于混凝土结构,设计人员也可以先不选择此项,待计算完成后,可以查看结构的质量文件(WMASS.OUT),程序会提示该工程是否要计算 P – Δ 效应,设计人员可根据提示进行选择。对于钢结构,特别是高层钢结构,一般宜考虑 P – Δ 效应的影响。

建议:超高层、钢结构勾选该项;一般混凝土结构,见计算结果“总信息”,有提示需不需要考虑 P – Δ 效应。

本例中此项不勾选。

(5)按《高规》或《高钢规》进行构件设计:根据实际工程情况确定是否勾选。

符合高层条件的建筑应勾选,多层建筑不勾选。

本例为钢筋混凝土多层结构,所以此项不勾选。

(6)框架梁端配筋考虑受压钢筋:一般情况下可勾选此项。

当参数设置中选择“框架梁端配筋考虑受压钢筋”选项时,程序会对应验算《混规》11.3.1 条、《高规》6.3.2 条第 1 款和《抗规》6.3.3 条第 1 款的规定,即抗震设计时,梁正截面受弯承载力计算时,计入受压钢筋作用的两端截面混凝土受压区高度与有效高度之比,一级不应大于 0.25,二、三级不应大于 0.35。如果不满足要求,程序自动增加受压钢筋以满足受压区高度要求。

建议勾选此项,这样梁截面受压区高度会降低,延性会增加。

本例中勾选此项。

(7)结构中的框架部分轴压比限值按照纯框架结构的规定采用:根据实际工程情况确定是否勾选。

《高规》8.1.3 条规定,对于框架 – 剪力墙结构,当底层框架部分承受的地震倾覆力矩的比值在一定范围内时,框架部分的轴压比需要按框架结构的规定采用。勾选此选项后,程序将一律按纯框架结构的规定控制结构中框架柱的轴压比,除轴压比外,其余设计仍遵循框剪结构的规定。

本例为框架结构,此项不勾选。

(8)剪力墙构造边缘构件的设计执行《高规》7.2.16 – 4 条的较高配筋要求:根据实际工程情况确定是否勾选。

由《高规》7.2.16 条第 4 款可知,抗震设计时,对于连体结构、错层结构以及 B 级高度高层建筑结构中的剪力墙(筒体),其构造边缘构件的最小配筋应按照要求相应提高。

勾选此项时,程序将一律按照《高规》7.2.16 条第 4 款的要求控制构造边缘构件的最小配筋,即使对于不符合上述条件的结构类型,也进行从严控制;如不勾选,则程序一律不执行此条规定。

本例结构中没有剪力墙,此项不勾选。

(9)当边缘构件轴压比小于《抗规》6.4.5 条规定的限值时,一律设置构造边缘构件:根据实际工程情况确定是否勾选。

由《抗规》6.4.5 条规定可知,底层墙肢底截面的轴压比大于表 6.4.5 – 1 规定的一、二、三级抗震墙,以及部分框支抗震墙结构的抗震墙,应在底部加强部位及相邻的上一层设置约束边缘构件,在以上的其他部位可设置构造边缘构件。

勾选此项时,对于约束边缘构件楼层的墙肢,程序自动判断其底层墙肢底截面的轴压比,以确定采用约束边缘构件或构造边缘构件。如不勾选,则对于约束边缘构件楼层的墙肢,一律设置约束边缘构件。

本例结构中没有剪力墙,此项不勾选。

(10)按混凝土规范 B.0.4 条考虑柱二阶效应:根据实际工程情况确定是否勾选。

《混规》规定,除排架结构柱外,应按 6.2.4 条的规定考虑柱轴压力二阶效应,排架结构柱应按 B.0.4 条计算其轴压力二阶效应。

勾选此项时,程序将按照 B.0.4 条的方法计算柱轴压力二阶效应,此时柱计算长度系数仍缺省采用底层 1.0/上层 1.25,对于排架结构柱,用户应注意自行修改其长度系数。不勾选时,程序将按照 6.2.4 条的规定考虑柱轴压力二阶效应。

本例结构不是排架结构,所以此项不勾选。

(11)保护层厚度:在第 3.5.1 节中已经详细介绍并设置。

(12)过渡层信息:根据实际工程情况设置。

由《高规》7.2.14 条第 3 款可知,B 级高度高层建筑的剪力墙,宜在约束边缘构件层与构造边缘构件层之间设置 1~2 层过渡层。

程序不自动判断过渡层,用户可在此指定。程序对过渡层边缘构件的箍筋配置原则上取约束边缘构件和构造边缘构件的平均值。

本例结构中没有剪力墙,此项不设置。

（13）柱配筋计算原则：根据实际工程情况确定。

按单偏压计算：程序按单偏压计算公式分别计算柱两个方向的配筋；按双偏压计算：程序按双偏压计算公式分别计算柱两个方向的配筋。

《高规》6.2.4 条规定，抗震设计时，框架角柱应按双向偏心受力构件进行正截面承载力设计。

一般情况下，SATWE 设计信息中选择"按单偏压计算"，然后在柱施工图归并选筋后，再进行双偏压验算。

本例选择"按单偏压计算"。

（14）梁柱重叠部分简化为刚域：根据实际工程情况确定是否勾选。

选择此项参数后，程序对梁的计算进行如下处理：

①梁上的外荷载按梁两端节点间长度计算；

②截面设计按扣除刚域后的梁长计算。

勾选此项会对结构的刚度、周期、位移、梁的内力计算等产生一定的影响。

一般此项不勾选，但当梁柱截面比较大时（框支梁、框支柱）可以选，对于异型柱结构，宜勾选此项。

本例不勾选此项。

（15）钢柱计算长度系数：根据实际工程情况确定选项。

当勾选有侧移时，程序按《钢规》附录 H－2 的公式计算钢柱的长度系数；当勾选无侧移时按《钢规》附录 H－1 的公式计算钢柱的长度系数。

本例中没有钢柱构件，此项不修改，程序默认勾选"有侧移"。

7. 配筋信息

配筋信息子菜单界面如图 4-9 所示。

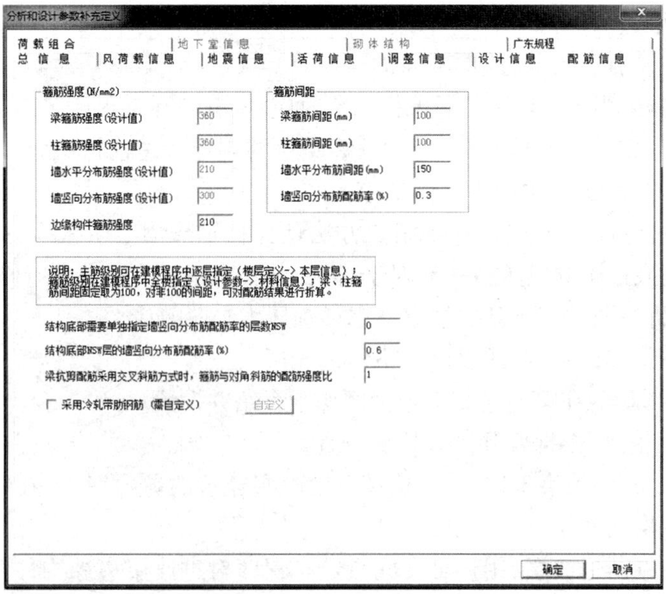

图 4-9　配筋信息子菜单界面

（1）箍筋间距：根据实际工程情况确定。

梁、柱箍筋间距（mm）强制为 100，不允许修改。对于箍筋间距非 100 的情况，用户可对配筋结果进行折算。

墙水平分布筋间距（mm）可取 100~400。

墙竖向分布筋配筋率（%）可取 0.15~1.2。

本例此项不修改，默认程序缺省值。

（2）NSW 层数和 NSW 配筋率：根据实际工程情况确定。

NSW 层数和 NSW 配筋率分别指结构底部需要单独指定墙竖向分布筋配筋率的层数和结构底部 NSW 层的墙竖向分布筋的配筋率。

由《高规》9.2.2 条第 1 款可知，抗震设计时，核心筒墙体底部加强部位主要墙体的水平和竖向分布钢筋的配筋率均不宜小于 0.3%。

设计人员输入相应的层数和配筋率后，程序自动将最底下指定层数的墙竖向分布筋配筋率取为用户输入的值，其他层则仍取"墙竖向分布筋配筋率"中的值。

本例工程为框架结构，此两项不修改，默认程序缺省值。

（3）梁抗剪配筋采用交叉斜筋方式时，箍筋与对角斜筋的配筋强度比：根据实际工程情况确定。

此项用于考虑梁的交叉斜筋方式的配筋。本例梁中不考虑设置对角斜筋，所以此项不修改。

（4）采用冷轧带肋钢筋（需自定义）：根据实际工程情况确定是否勾选。

当用户采用冷轧带肋钢筋时，需勾选该选项。点击"自定义"按钮后弹出钢筋选择对话框，选择相应的层号、塔号、构件类型以及钢筋级别之后即可完成定义，也可以勾选"当前塔全楼设置"快速完成全楼的设置。用户也可用记事本分层分塔指定冷轧带肋钢筋的设置。

本例采用热轧带肋钢筋，所以此项不勾选、不定义。

8. 荷载组合

荷载组合子菜单界面如图 4-10 所示。

图 4-10 中各荷载组合系数的程序缺省值是根据《荷规》确定的，一般不需要修改。

4.1.1.2 生成 SATWE 数据文件及数据检查（必须执行）

"分析和设计参数补充定义"对话框中的所有参数补充修改完成后，双击"生成 SATWE 数据文件及数据检查（必须执行）"选项，弹出"请选择"对话框，如图 4-11 所示，点击右下角的"确定"，程序自动进行数据生成和数据检查，如图 4-12 所示。

4.1.1.3 查看数检报告文件

在图 4-1 所示的"SATWE 前处理—接 PMCAD 生成 SATWE 数据"对话框中选择第 11 项"查看数检报告文件（CHECK.OUT）"，打开检查是否存在数据错误。

4.1.2 图形检查

在"SATWE 前处理—接 PMCAD 生成 SATWE 数据"对话框中选择"图形检查"，弹出如图 4-13 所示界面。此项目对"各层平面简图""各层恒载简图""各层活载简图"等进行检查。只要建模没有错误，此项可不检查。

图 4-10　荷载组合子菜单界面

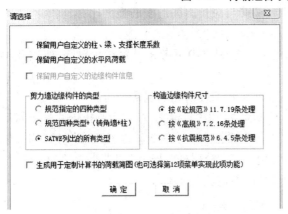

图 4-11　"请选择"对话框

图 4-12　SATWE 生成数据结果

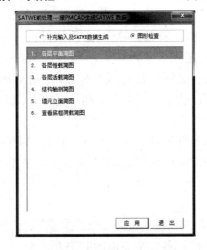

图 4-13　"图形检查"对话框

4.2 结构内力、配筋计算

在 PKPM 软件主界面选择 SATWE 的第 2 项"结构内力,配筋计算",单击"应用",弹出"SATWE 计算控制参数"对话框,如图 4-14 所示。

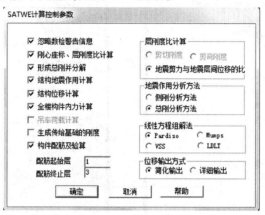

图 4-14 "SATWE 计算控制参数"对话框

激活"忽略数检警告信息""刚心坐标、层刚度比计算""形成总刚并分解""结构地震作用计算""结构位移计算""全楼构件内力计算""生成传给基础的刚度""构件配筋及验算"。

(1)层刚度比计算:《抗规》3.4.2 条和 3.4.3 条建议的计算方法是地震剪力与地震层间位移比。对于多层(砌体、砖混底框),宜采用剪切刚度;对于带斜撑的钢结构,宜采用弯剪刚度;多数结构宜采用地震剪力与地震层间位移比(所有结构均可采用该方法进行层刚度比计算)。

(2)地震作用分析方法:"侧刚分析方法"是指按侧刚模型进行结构振动分析,"总刚分析方法"是指按总刚度模型进行结构的振动分析。总刚分析方法可以准确反映结构的各项数据,但计算所需时间比侧刚分析方法长。当考虑楼板的弹性变形(某层局部或整体有弹性楼板单元)或有较多的错层构件(如错层结构、空旷的工业厂房、体育馆所等)时,采用"总刚分析法"更为合理。

(3)线性方程组解法:VSS 向量稀疏求解器计算速度快,需要硬盘空间小,为程序默认解法。

(4)位移输出方式:建议选择"简化输出"。

单击图 4-14 左下角"确定",程序自动计算。

4.3 分析结果图形与文本显示

在 PKPM 软件主界面选择 SATWE 模块的第 4 项"分析结果图形与文本显示",单击"应用",屏幕显示"SATWE 后处理—图形文件输出"对话框和"SATWE 后处理—文本文件输出"对话框,分别如图 4-15 和图 4-16 所示。一般先检查"文本文件输出",然后检查

"图形文件输出"。

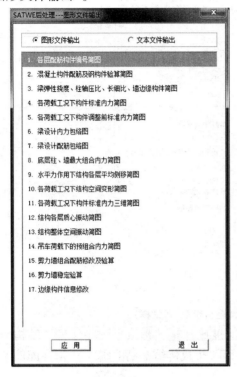 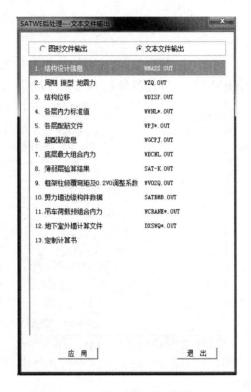

图 4-15 "图形文件输出"对话框　　　图 4-16 "文本文件输出"对话框

4.3.1 文本文件输出

4.3.1.1 结构设计信息(WMASS.OUT)

此项中一般从以下 3 个方面对计算结果进行检查:

(1)校对、复核 SATWE 中"分析和设计参数补充定义"的参数有无错误,包括总信息、风荷载信息、地震信息、活荷载信息、调整信息、配筋信息、设计信息、荷载组合信息等输入信息。

(2)查看"各层的质量、质心坐标信息""各层构件数量、构件材料和层高""风荷载信息""各楼层偶然偏心信息""各层楼等效尺寸"等。

设计人员需要核对"各楼层单位面积质量",各楼层的单位面积质量 = 结构总质量/建筑面积。一般情况下,框架结构的单位面积重量为 11 ~ 14 kN/m^2,框剪结构的单位面积重量为 13 ~ 15 kN/m^2,剪力墙结构的单位面积重量在 15 kN/m^2 左右。本例中图 4-17 中"结构的总重量"为 1 730.441 t,各楼层的单位面积重量 = 17 304.41/1 231.8 = 14 (kN/m^2),基本满足要求。

质量比主要用来判断结构的竖向规则性。由《抗规》3.4.3 条、3.4.4 条条文说明可知,除了表 3.4.3 所列的不规则类型,对竖向不规则尚有相邻楼层质量比大于 150% (1.5)的规定。本例结构不是竖向不规则结构,质量比也没有超过 1.5。

(3)查看"计算信息"。"计算信息"中重点检查以下 4 项:

图 4-17 各层质量、质心坐标信息

①"各层刚心、偏心率、相邻层侧移刚度比等计算信息"中"刚度比"需要重点检查,通过检查"刚度比"判断结构竖向有无薄弱层,具体查看的是图 4-18 中的 Ratx、Raty、Ratx1、Raty1。

图 4-18 各层刚心、偏心率、相邻层侧移刚度比等计算信息

《抗规》3.4.3 条规定,其楼层侧向刚度不宜小于相邻上部楼层侧向刚度的 70%或其上相邻三层侧向刚度平均值的 80%;《抗规》6.1.14 条第 2 款规定,当地下室的顶板作为上部结构嵌固端时,地下室结构的楼层侧向刚度不应小于相邻上部结构楼层侧向刚度的 2 倍。由《抗规》3.4.4 条第 2 款可知,平面规则而竖向不规则的建筑,刚度小的楼层的地震剪力应乘以不小于 1.15 的增大系数;《抗规》3.4.4 条第 2 款 3)规定,楼层承载力突变时,薄弱层抗侧力结构的受剪承载力不应小于相邻上一楼层的 65%。

竖向刚度不规则结构的程序处理:《高规》3.5.8 条规定,侧向刚度变化、承载力变化、竖向抗侧力构件连续性不符合第 3.5.2 条、3.5.3 条、3.5.4 条要求的楼层,其对应于地震作用标准值的剪力应乘以 1.25 的增大系数。

针对这些条文,程序通过自动计算楼层刚度比,来决定是否采用楼层剪力增大系数,并且允许用户强制指定薄弱层位置,对用户指定的薄弱层也采用 1.25 的楼层剪力增大系数。

本例中,程序通过自动计算的楼层刚度比确定第 1 层为薄弱层,并将第 1 层的地震剪力乘以 1.25 的增大系数。

②"结构整体抗倾覆验算结果"中的"零应力区"需要检查,一般情况下"零应力区"数值不允许大于 15。《抗规》4.2.4 条规定,高宽比大于 4 的高层建筑,在地震作用下基础底面不宜出现脱离区(零应力区);其他建筑,基础底面与地基土之间的脱离区(零应力区)面积不应超过基础底面面积的 15%。本例的"结构整体抗倾覆验算结果"如图 4-19 所示,零应力区数值均为 0,满足规范要求。

WMASS.OUT - 记事本

文件(F) 编辑(E) 格式(O) 查看(V) 帮助(H)

结构整体抗倾覆验算结果

	抗倾覆力矩Mr	倾覆力矩Mov	比值Mr/Mov	零应力区(%)
X风荷载	222892.3	430.1	518.24	0.00
Y风荷载	139750.0	686.0	203.72	0.00
X 地 震	218035.5	8486.5	25.69	0.00
Y 地 震	136704.9	7551.4	18.10	0.00

图 4-19　结构整体抗倾覆验算结果

③"结构整体稳定验算结果"中的"刚重比"需要检查。

刚重比:主要作用为控制结构的稳定性,以免结构产生滑移和倾覆,要求见《高规》5.4.4 条。

重力二阶效应:一般称为 P－Δ 效应,在建筑结构分析中指的是竖向荷载的侧移效应。当结构发生水平位移时,竖向荷载就会出现垂直于变形后的结构竖向轴线的分量,这个分量将加大水平位移量,同时会加大相应的内力,这在本质上是一种几何非线性效应。高层建筑结构在水平荷载作用下将产生侧移,由于侧移而引起竖向荷载的偏心又使结构产生附加内力,这个附加内力反过来又使结构的侧移进一步加大。高层建筑结构需要考虑重力二阶效应对结构的影响,详见《高规》5.4.2 条。

本例的结构整体稳定验算结果见图 4-20,其中"刚重比"计算结果满足规范要求。

WMASS.OUT - 记事本

文件(F) 编辑(E) 格式(O) 查看(V) 帮助(H)

结构整体稳定验算结果

层号	X向刚度	Y向刚度	层高	上部重量	X刚重比	Y刚重比
1	0.230E+06	0.198E+06	4.55	22307.	46.84	40.29
2	0.369E+06	0.255E+06	3.60	13764.	96.39	66.77
3	0.356E+06	0.241E+06	3.60	5367.	238.90	161.70

该结构刚重比Di*Hi/Gi大于10,能够通过高规(5.4.4)的整体稳定验算
该结构刚重比Di*Hi/Gi大于20,可以不考虑重力二阶效应

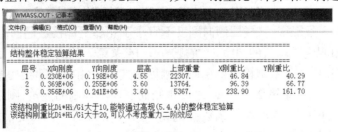

图 4-20　结构整体稳定验算结果

④"楼层抗剪承载力及承载力比值"中的"最小楼层抗剪承载力之比"需要检查。

《高规》3.5.3 条规定,A 级高度高层建筑的楼层抗侧力结构的层间受剪承载力不宜小于其相邻上一层受剪承载力的 80%,不应小于其相邻上一层受剪承载力的 65%;B 级高度高层建筑的楼层抗侧力结构的层间受剪承载力不应小于其相邻上一层受剪承载力的 75%。

本例"楼层抗剪承载力及承载力比值"计算结果如图 4-21 所示,其中结构"最小楼层抗剪承载力之比"满足规范要求。

```
*********************************************************
*                   楼层抗剪承载力、及承载力比值                   *
*********************************************************

Ratio_Bu: 表示本层与上一层的承载之比

———————————————————————————————————————————————————————
层号    塔号    X向承载力      Y向承载力      Ratio_Bu:X, Y
———————————————————————————————————————————————————————
 3       1     0.1956E+04    0.1956E+04     1.00    1.00
 2       1     0.2694E+04    0.3292E+04     1.38    1.68
 1       1     0.3085E+04    0.3382E+04     1.15    1.03
X方向最小楼层抗剪承载力之比:   1.00  层号:  3 塔号:  1
Y方向最小楼层抗剪承载力之比:   1.00  层号:  3 塔号:  1
```

图 4-21　楼层抗剪承载力及承载力比值

4.3.1.2　周期、振型、地震力(WZQ. OUT)

此项中一般对以下 3 个计算结果进行检查:

(1)检查"考虑扭转联耦时的振动周期(秒)、X,Y 方向的平动系数、扭转系数"计算结果,如图 4-22 所示。

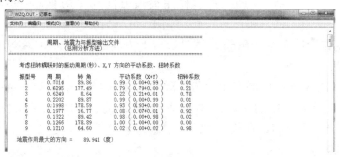

图 4-22　"考虑扭转联耦时的振动周期(秒),X、Y 方向的平动系数,扭转系数"的计算结果

针对图 4-22 中的计算结果,主要核算结构的"周期比"是否满足规范要求以及检查"地震作用最大的方向"值的大小。

①周期比:主要为控制结构扭转效应,减小扭转对结构产生的不利影响。《高规》3.4.5 条规定,结构扭转为主的第一自振周期 T_t 与平动为主的第一自振周期 T_1 之比,A 级高度高层建筑不应大于 0.9。一般情况下保证第一周期是以平动为主的周期,扭转周期出现在第三周期以后,扭转为主的周期越晚出现越好。设计软件通常不直接给出结构的周期比,需要设计人员根据计算书中周期值自行判定第一扭转(平动)周期。以下提供比较实用的周期比计算方法:

a.扭转周期与平动周期的判断:从计算书中找出所有扭转系数大于 0.5 的扭转周期,

按周期值从大到小排列。同理,将所有平动系数大于 0.5 的平动周期按其值从大到小排列。

b. 第一周期的判断:从队列中选出数值最大的扭转(平动)周期,查看软件的"结构整体空间振动简图",查看该周期值所对应振型的空间振动是否为整体振动,如果其仅仅引起局部振动,则不能作为第一扭转(平动)周期,要从队列中取出下一个周期进行考察,依此类推,直到选出不仅周期值较大而且其对应的振型为结构整体振动的值,即为第一扭转(平动)周期。

c. 周期比计算:将第一扭转周期值除以第一平动周期值即可。本例结构以平动为主的第一自振周期 T_1 为 0.701 4,扭转为主的第一自振周期 T_t 为 0.624 9,$T_t/T_1 = 0.89$,满足规范要求。

如果出现不能满足要求的情况,一般通过调整平面布置来改善。总的调整原则是加强结构外围墙、柱或梁的刚度,适当削弱结构中间墙、柱或梁的刚度。

②地震作用最大的方向:如果夹角计算结果大于 15°,需要将夹角计算结果输入到"水平力与整体坐标夹角"中重新计算。

由于地震力分 X、Y 两个方向且两个方向相互垂直,X 方向就是 0° 和 180°,Y 方向就是 ±90°,所以只有地震作用最大方向在 15 ~ 75° 以及 –75 ~ –15° 才算夹角大于 15°。

设地震作用最大方向角为 α,则夹角 θ 的计算方法如下:

a. 若 $0° \leqslant \alpha \leqslant 45°$,$\theta$ 即为地震作用最大方向与 X 方向(0°)之间的夹角,$\theta = \alpha - 0$;

b. 若 $45° < \alpha \leqslant 90°$,$\theta$ 即为地震作用最大方向与 Y 方向(90°)之间的夹角,$\theta = 90 - \alpha$;

c. 若 $-45° < \alpha \leqslant 0°$,$\theta$ 即为地震作用最大方向与 X 方向(0°)之间的夹角,$\theta = 0 - \alpha$;

d. 若 $-90° \leqslant \alpha \leqslant -45°$,$\theta$ 即为地震作用最大方向与 Y 方向(–90°)之间的夹角,$\theta = \alpha - (-90°)$。

本例中地震作用最大方向角是 89.941°,与 Y 方向的夹角 = 90° – 89.941° = 0.059°,不需回填。

(2)检查"各层 X、Y 方向的作用力"计算结果,如图 4-23、图 4-24 所示。

针对图 4-23、图 4-24 中的结果,主要检查结构"X 向、Y 向各层剪重比"以及"X 向、Y 向的有效质量系数"是否满足规范要求。

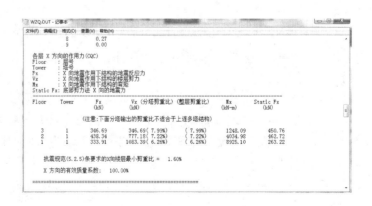

图 4-23　各层 X 方向的作用力计算结果

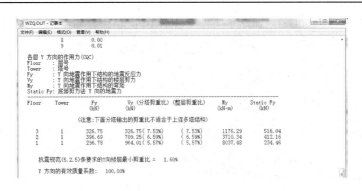

图 4-24 各层 Y 方向的作用力计算结果

剪重比:主要用于控制各楼层最小地震剪力,确保结构安全性,具体要求参见《抗规》表 5.2.5 及《高规》表 4.3.12。

有效质量系数:《抗规》5.2.2 条条文说明及《高规》5.1.13 条第 1 款要求,有效质量系数不应小于 90%。

本例中 X、Y 两个方向的剪重比以及有效质量系数均满足规范要求。

4.3.1.3 结构位移(WDISP. OUT)

结构位移(WDISP. OUT)输出结果如图 4-25 所示,此项中主要检查 X、Y 向在各工况下的"最大层间位移角"以及"最大位移比"是否满足规范要求。

层间位移角是指按弹性方法计算的风荷载或多遇地震标准值作用下的楼层层间最大水平位移与层高之比 $\Delta u/h$,第 i 层的 $\Delta u/h$ 指第 i 层和第 $i-1$ 层在楼层平面各处位移差 $\Delta U_i = U_i - U_{i-1}$ 中的最大值。层间位移角用来确保高层结构应具备的刚度,是对构件截面大小、刚度大小的一个宏观控制指标。《抗规》表 5.5.1 中规定了各种结构类型的弹性层间位移角的限值,其中钢筋混凝土框架结构的层间位移角限值为 1/550。

位移比是指楼层最大杆件位移与平均杆件位移比值。位移比是控制结构扭转效应的参数,主要用于控制结构平面规则性,以免形成扭转,对结构产生不利影响。《抗规》3.4.3 条表 3.4.3-1 规定,在规定水平力作用下,楼层的最大弹性水平位移(或层间位移),大于该楼层两端弹性水平位移(或层间位移)平均值的 1.2 倍,则结构属于扭转不规则。所以结构在各种工况下 X 向、Y 向"最大层间位移与平均层间位移的比值"以及"最大位移与层平均位移的比值"一般不允许超过 1.2。

注意:①验算位移比选择强制刚性楼板假定;②验算位移比需要考虑偶然偏心,验算层间位移角则不需要考虑偶然偏心。

如果结构的"最大层间位移角""最大层间位移与平均层间位移的比值""最大位移与层平均位移的比值"出现不满足规范要求的情况,可以通过人工调整改变结构平面布置、减小结构刚心与形心的偏心距等措施进行调整。

本例结构的最大层间位移角是 1/869,满足规范要求;X 向、Y 向最大层间位移与平均层间位移的比值以及最大位移与层平均位移的比值均为 1,满足规范要求。

```
WDISP.OUT - 记事本
文件(F)  编辑(E)  格式(O)  查看(V)  帮助(H)
Max-Dx/h, Max-Dy/h : X,Y方向的最大层间位移角
DxR/Dx,DyR/Dy      : X,Y方向的有害位移角占总位移角的百分比例
Ratio_AX,Ratio_AY  : 本层位移角与上层位移角的1.3倍及上三层平均位移角的1.2倍的比值的大者
X-Disp, Y-Disp, Z-Disp:节点X,Y,Z方向的位移


=== 工况  1 === X 方向地震作用下的楼层最大位移

Floor  Tower    Jmax     Max-(X)      Ave-(X)       h
                JmaxD    Max-Dx       Ave-Dx     Max-Dx/h      DxR/Dx    Ratio_AX
  3      1       170       7.80         7.77        3600.
                 170       0.98         0.97      1/3690.      99.9%       1.00
  2      1       105       6.85         6.82        3600.
                 105       2.12         2.11      1/1698.      77.0%       1.67
  1      1        40       4.74         4.72        4550.
                  40       4.74         4.72      1/ 960.      99.9%       2.02

 X方向最大层间位移角:              1/ 960.(第  1层第 1塔)

=== 工况  2 === Y 方向地震作用下的楼层最大位移

Floor  Tower    Jmax     Max-(Y)      Ave-(Y)       h
                JmaxD    Max-Dy       Ave-Dy     Max-Dy/h      DyR/Dy    Ratio_AY
  3      1       163       9.56         8.97        3600.
                 163       1.42         1.36      1/2532.      99.9%       1.00
  2      1        98       8.17         7.65        3600.
                  98       2.96         2.78      1/1218.      39.0%       1.58
  1      1        33       5.24         4.89        4550.
                  33       5.24         4.89      1/ 869.      99.9%       1.56

 Y方向最大层间位移角:              1/ 869.(第  1层第 1塔)

=== 工况  3 === X 方向风荷载作用下的楼层最大位移

Floor  Tower    Jmax     Max-(X)      Ave-(X)     Ratio-(X)       h
                JmaxD    Max-Dx       Ave-Dx      Ratio-Dx    Max-Dx/h      DxR/Dx     Ratio_AX
  3      1       170       0.38         0.38        1.00         3600.
                 170       0.05         0.05        1.00       1/9999.      99.9%        1.00
  2      1       105       0.33         0.33        1.00         3600.
                 105       0.09         0.09        1.00       1/9999.      99.9%        1.54
  1      1        40       0.24         0.24        1.00         4550.
                  96       0.24         0.24        1.00       1/9999.      99.9%        2.24

 X方向最大层间位移角:              1/9999.(第  3层第 1塔)
 X方向最大位移与层平均位移的比值:        1.00(第  3层第 1塔)
 X方向最大层间位移与平均层间位移的比值:  1.00(第  2层第 1塔)

=== 工况  4 === Y 方向风荷载作用下的楼层最大位移

Floor  Tower    Jmax     Max-(Y)      Ave-(Y)     Ratio-(Y)       h
                JmaxD    Max-Dy       Ave-Dy      Ratio-Dy    Max-Dy/h      DyR/Dy     Ratio_AY
  3      1       163       0.77         0.77        1.00         3600.
                 170       0.11         0.11        1.00       1/9999.      99.9%        1.00
  2      1        98       0.66         0.66        1.00         3600.
                  98       0.22         0.22        1.00       1/9999.      56.7%        1.54
  1      1        33       0.44         0.44        1.00         4550.
                  40       0.44         0.44        1.00       1/9999.      99.9%        1.74

 Y方向最大层间位移角:              1/9999.(第  3层第 1塔)
 Y方向最大位移与层平均位移的比值:        1.00(第  3层第 1塔)
 Y方向最大层间位移与平均层间位移的比值:  1.00(第  3层第 1塔)
```

图 4-25　结构位移计算结果

4.3.2　图形文件输出

4.3.2.1　各层配筋构件编号简图

双击“SATWE 后处理—图形文件输出”中的第 1 项“各层配筋构件编号简图”，软件进入“第 1 层配筋构件编号简图”界面，如图 4-26 所示。

图 4-26 中标注了梁、柱、支撑和墙 - 柱、墙 - 梁的序号，图中的青色数字为梁序号，黄色数字为柱序号，紫色数字为支撑序号，绿色数字为墙 - 柱序号，蓝色数字为墙 - 梁序号，每根墙 - 梁下部还标出了其截面的宽度和高度。

图 4-26 中红色同心圆符号以及红色数字 X_s、Y_s 为该层的刚度中心坐标，红色十字圆符号以及红色数字 X_m、Y_m 为该层的质心坐标。此处红色字体不代表结构计算结果有问题。质心坐标与刚心坐标越接近，说明结构产生扭转变形的可能性越小，理想状态是两者坐标完全重合。

4.3.2.2　混凝土构件配筋及钢构件验算简图

双击“SATWE 后处理 - 图形文件输出”中的第 2 项“混凝土构件配筋及钢构件验算

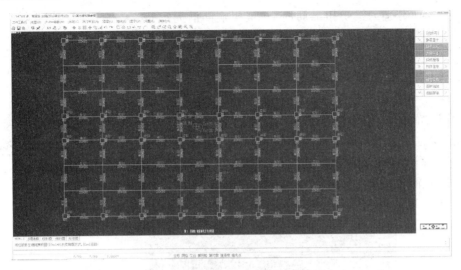

图 4-26　"第 1 层配筋构件编号简图"界面

简图",软件进入"第 1 层混凝土构件及钢构件配筋"界面,如图 4-27 所示。图 4-27 所显示的是"第 1 层混凝土构件配筋简图",如果需要检查其他层的混凝土构件配筋简图,可以单击右侧主菜单中的"显示上层"选项。

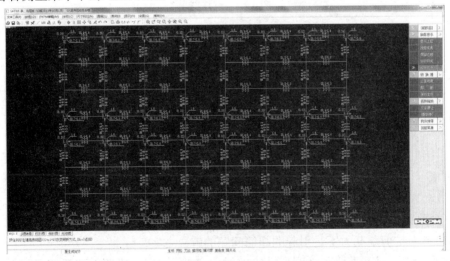

图 4-27　"第 1 层混凝土构件及钢构件配筋"界面

在图 4-27 中可以查看梁配筋、柱配筋、柱轴压比等信息。

1. 混凝土梁和型钢混凝土梁

混凝土梁和型钢混凝土梁配筋简图见图 4-28。

其中:

$Asu1$、$Asu2$、$Asu3$ 为梁上部左端、跨中、右端配筋面积(cm^2);

$Asd1$、$Asd2$、$Asd3$ 为梁下部左端、跨中、右端配筋面积(cm^2);

Asv 为梁加密区抗剪箍筋面积和剪扭箍筋面积的较大值(cm^2);

$Asv0$ 为梁非加密区抗剪箍筋面积和剪扭箍筋面积的较大值(cm^2);

Ast、Ast1 分别为梁受扭纵筋面积、抗扭箍筋沿周边布置的单肢箍的面积（cm^2），若 Ast、Ast1 都为 0，则不输出这一行。

G、VT 为箍筋和剪扭配筋标志。

如果图 4-28 中有红色数字出现，则代表梁超筋。

造成梁超筋的原因主要有两种：第一种是梁抗剪承载力不足，第二种是梁抗弯承载力不足。具体是哪种原因造成的超筋，需要单击“构件信息”中的“梁信息”，如图 4-29 所示，然后鼠标左键红色的梁，则会弹出记事本，如图 4-30 所示。图 4-30 中红色框内信息即是超筋的原因：抗剪承载力不足。

GAsv-Asv0
Asu1-Asu2-Asu3
———————
Asd1-Asd2-Asd3
VTVst-Ast1

图 4-28　混凝土梁和型钢混凝土梁配筋简图

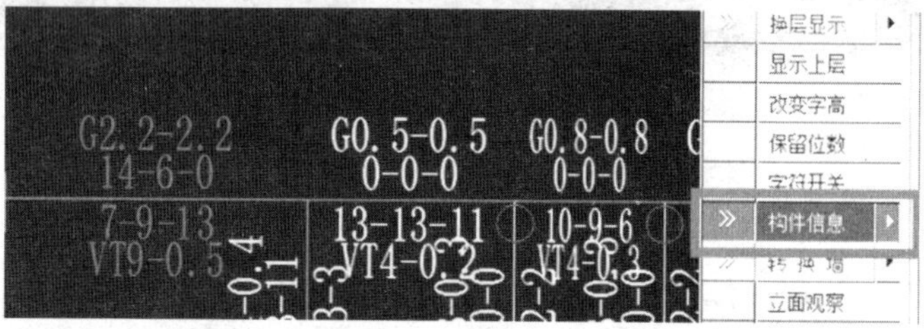

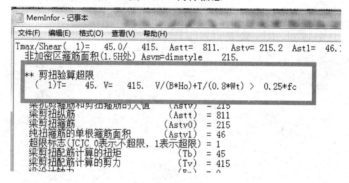

图 4-29　构件信息

MemInfor - 记事本
文件(F) 编辑(E) 格式(O) 查看(V) 帮助(H)
Tmax/Shear(1)= 45.0/ 415. Astt= 811. Astv= 215.2 Astl= 46.
非加密区箍筋面积(1.5H处) Asvm=dimstyle 215.

** 剪扭验算超限
(1)T= 45. V= 415. V/(B*Ho)+T/(0.8*Wt) > 0.25*fc

梁抗剪箍筋和剪扭箍筋的大值 (Astv) = 215
梁剪扭纵筋 (Astt) = 811
梁剪扭箍筋 (Astv0) = 215
纯扭箍筋的单根箍筋面积 (Astv1) = 46
超限标志(JCJC 0表示不超限, 1表示超限) = 1
梁剪扭配筋计算的扭矩 (Tb) = 45
梁剪扭配筋计算的剪力 (Tv) = 415

图 4-30　超筋信息

不同原因造成的超筋问题的解决方案不同：

（1）针对抗剪承载力不足引起的超筋问题的解决方案。

抗剪差的原因主要是和梁垂直搭接次梁传来的力太大，超过本根梁能承受的范围。有两种解决办法：一是在 PKPM－SATWE 特殊构件定义中将传来梁定义为铰接；二是提高本梁的刚度，主要方法是加大梁的截面和提高混凝土的强度等级等。

（2）针对抗弯承载力不足引起的超筋问题的解决方案。

造成梁抗弯承载力不足的原因有很多，例如输入的荷载过大、梁截面过小、混凝土的强度等级过低等。针对以上原因，解决办法是根据实际工程情况减小荷载、加大梁的截面尺寸或者适当提高混凝土强度。

除了上述介绍的造成梁超筋的常见原因外，还有很多其他原因，需要设计人员根据实际工程情况进行判断并提出解决方案。

2. 矩形混凝土柱和型钢混凝土柱

矩形混凝土柱和型钢混凝土柱配筋简图见图 4-31。

其中：

Asc 为柱一根角筋的面积(cm²)。

Asx、Asy 分别为该柱与该参数相对应边的单边配筋面积(cm²)，包括两根角筋。

Asvj、Asv、Asv0 分别为柱节点域抗剪箍筋面积、加密区斜截面抗剪箍筋面积、非加密区斜截面抗剪箍筋面积(cm²)。其中，Asvj 取计算的 Asvjx 和 Asvjy 的较大值，Asv 取计算的 Asvx 和 Asvy 的较大值，Asv0 取计算的 Asv0x 和 Asv0y 的较大值。

Uc 为柱的轴压比。

G 为箍筋标志。

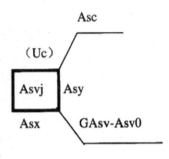

图 4-31 矩形混凝土柱和型钢混凝土柱配筋简图

若该柱与剪力墙相连(边框柱)，而且是构造配筋控制，则程序取 Asc、Asx、Asy、Asvx、Asvy 均为零。此时该柱的配筋应该在剪力墙边缘构件配筋图中查看。

如果图 4-31 中 Uc 数值显示红色，则代表柱轴压比超过规范规定限值。针对轴压比超限的常见解决方法有：①加大柱子截面面积；②采用高强度混凝土。

如果图 4-31 中钢筋信息显示红色，则代表柱超筋。引起柱超筋的原因很多，需要针对不同原因提出相对应的解决方法。

(1)如果是框架结构整体刚度不足，在地震力的作用下倾覆力矩太大而超筋，这时结构的位移角基本上也不会满足规范要求，可以通过查看"结构位移"确定。这种情况下可以增大柱截面或是增加柱数量，也可以尝试增加斜撑或者阻尼支撑，甚至可以增加一些剪力墙。

(2)如果是与柱相连的梁线刚度太小(尤其是大跨度结构)，梁受弯时会传递很大的弯矩给柱端，弯矩将造成柱端出现很大的偏心，从而导致柱超筋。这种情况在竖向力较小时(比如顶层)比较常见。增大梁高或者减小柱距能有效解决该问题。

(3)如果是结构平面局部薄弱，平面刚度突变而出现柱超筋(这主要是由水平力作用下的应力集中引起的)，可以增大薄弱部位处的刚度(增大柱截面或者增加柱根数)，或者直接在平面薄弱部位处设置抗震缝，将结构断开成两个单体。

(4)如果是结构平面扭转较大，局部(尤其是边角)形成很大的剪力而造成超筋，这时首先考虑对整体结构进行调整，平衡刚度，使结构刚度中心与质量中心尽量重合，以减小扭矩。如果上述措施还不能解决柱超筋问题，可以再考虑增大柱截面。

(5)如果结构竖向存在薄弱层，软件在计算时会将该薄弱层乘以放大系数，这种情况也容易引起超筋。薄弱层一般是因为上层的刚度太大，所以除增大本层刚度外，还可以尝试降低上层刚度。

4.4　定制计算书

双击图 4-1 中第 12 个选项"生成用于定制计算书的荷载简图",程序自动生成荷载简图。

双击图 4-16 中第 13 个选项"定制计算书",弹出图 4-32 所示对话框,单击"是",弹出"计算书设置"对话框,如图 4-33 所示,按照需要勾选计算书内容,单击"确定",弹出"PKPM 计算书编辑器",如图 4-34 所示,在"文件"下拉菜单中选择"生成 pdf 计算书",然后将计算书另存为即可。本例结构的计算书详见附录。

图 4-32　"提示"对话框

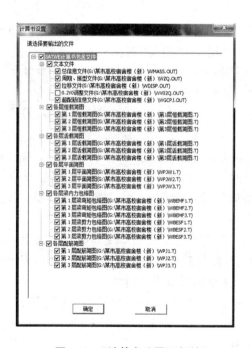

图 4-33　"计算书设置"对话框

图 4-34　"PKPM 计算书编辑器"对话框

5 板、梁、柱施工图设计输出

5.1 楼板施工图

5.1.1 打开楼板施工图

选择 PMCAD 模块中的第 3 项"画结构平面图",如图 5-1 所示。

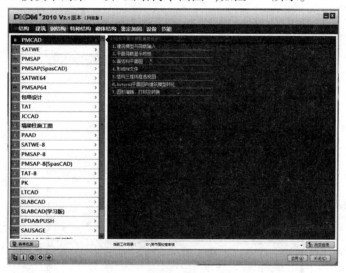

图 5-1 "画结构平面图"选项

单击"应用",进入"板施工图"绘图环境,程序自动打开当前工作目录下的第 1 层结构平面图,如图 5-2 所示。

5.1.2 计算参数设定

选择图 5-2 中右侧主菜单中"计算参数"选项,弹出"楼板配筋参数"对话框,如图 5-3 所示。

5.1.2.1 配筋计算参数

(1)直径间距:最小直径 8 mm,钢筋最大间距 300 mm。此项一般不调整,采用程序缺省值。

(2)双向板计算方法:"弹性算法"适用于允许裂缝宽度要求严格的建筑,框架梁端负弯矩有调幅系数的建筑应选"塑性算法",建议采用"弹性算法"。

(3)边缘梁、剪力墙算法:分简支和固端两种,宜选"按简支计算",以消除梁、墙的扭矩。

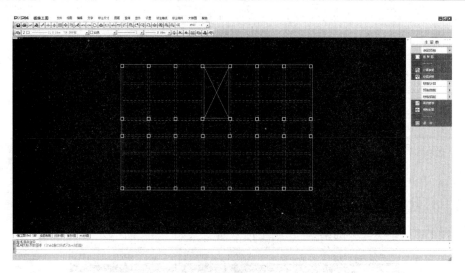

图 5-2 "板施工图"绘图环境

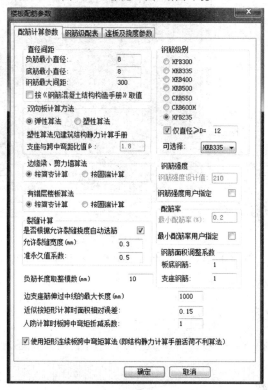

图 5-3 "楼板配筋参数"对话框

（4）有错层楼板算法：一般选用"按简支计算"。

（5）裂缝计算：勾选"是否根据允许裂缝挠度自动选筋"，"允许裂缝宽度"与"准永久值系数"采用程序缺省值。

（6）使用矩形连续板跨中弯矩算法：勾选此项。程序按《建筑结构静力计算手册》中的方法，荷载取"恒＋活/2"和"活/2"两次，再将两次计算结果叠加作为跨中弯矩设计值。

(7)钢筋级别:根据实际工程情况选择。

其余参数均可采用程序缺省值。

5.1.2.2　钢筋级配表

选择"楼板配筋参数"中"配筋级配表"选项,如图5-4所示。

5.1.2.3　连板及挠度参数

选择"楼板配筋参数"中"连板及挠度参数"选项,如图5-5所示。

图5-4　"配筋级配表"对话框

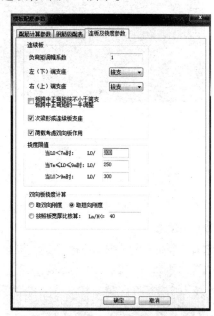

图5-5　"连板及挠度参数"对话框

此项是设置连续板计算时所需要的参数。此项参数设置后,只对所选择的连续板有效。通常情况下,在修改并确认完板的边界条件后,执行"自动计算",而非"连板计算",计算结果较为安全,本例图5-5中各参数均采用程序缺省值。

5.1.3　绘图参数设定

选择图5-2中右侧主菜单中"绘图参数"选项,弹出"绘图参数"对话框,如图5-6所示,图中的绘图参数均采用程序缺省值。

5.1.4　楼板计算

选择屏幕右侧主菜单中"楼板计算"选项,程序自动完成本层所有楼板内力与配筋计算,屏幕显示楼板配筋计算结果,如图5-7所示。

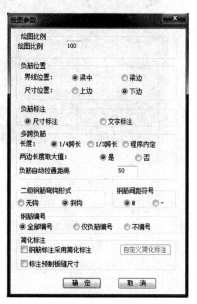

图5-6　"绘图参数"对话框

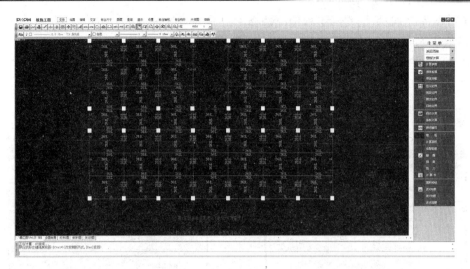

图 5-7 第 1 层楼板配筋计算结果

5.1.5 计算结果分析

一般从裂缝、挠度两个方面对楼板计算结果进行分析。

5.1.5.1 裂缝

选择"楼板计算"中"裂缝"选项，屏幕显示楼板裂缝图，如图 5-8 所示。

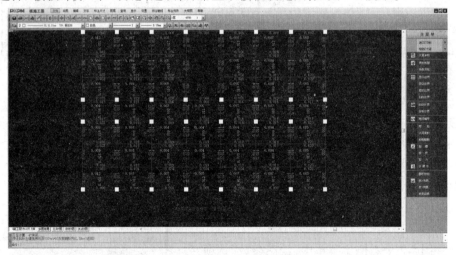

图 5-8 第 1 层楼板裂缝图

如果楼板裂缝图中某处裂缝宽度数值出现红色（图名除外），则代表该处的裂缝宽度超过了规范规定，这时可以先核对图 5-3"楼板配筋参数"对话框中"是否根据允许裂缝挠度自动选筋"项有没有勾选，如果没有，勾选后重新计算。

如果确定"楼板配筋参数"对话框中"是否根据允许裂缝挠度自动选筋"项已经勾选，但裂缝结果还是超规范，这时可以根据实际工程情况考虑采取以下常用措施：①加大裂缝过大部位的配筋，尽量采用较细较密的配筋方式；②如果配筋率已经达到 1%，而还是不能解决裂缝过大的问题，这时建议加大板厚；③可以考虑加大钢筋和混凝土的强度等级。

5.1.5.2 挠度

选择"楼板计算"中"挠度"选项,屏幕显示楼板挠度图,如图 5-9 所示。

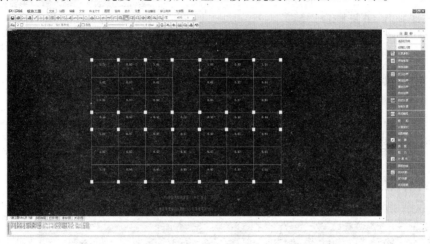

图 5-9 第 1 层楼板挠度图

如果楼板挠度图中某处挠度数值出现红色(图名除外),则代表该处的挠度超过了规范规定。通常情况下,挠度过大的解决措施有:①增加配筋率;②增大板厚;③减小板跨。

5.1.6 绘制楼板施工图

5.1.6.1 楼板布筋

选择屏幕右侧主菜单中"楼板钢筋"中"逐间布筋"选项,查看"命令行"提示:"请用光标点取房间(按【Tab】键窗选)",光标依次点取每块楼板画钢筋,也可以按【Tab】键将"命令行"提示转换为:"请用窗口选取房间",利用光标将需要布筋的区域全部窗口选择,这时所有楼板自动画钢筋,如图 5-10 所示。

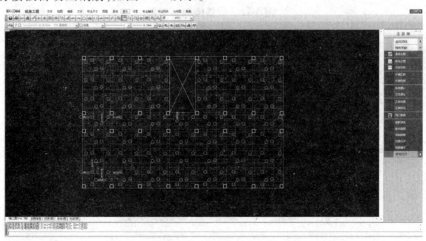

图 5-10 第 1 层楼板配筋图

5.1.6.2 标注轴线

选择菜单栏的"标注轴线"选项,选择下拉菜单中的"自动标注"选项,弹出"轴线标注"对话框,如图 5-11 所示。

　　注意,必须在 PMCAD 建模时执行"轴线命名",此项"标注轴线"才能够操作。

5.1.6.3　标注构件尺寸

　　选择菜单栏的"标注构件"选项,可以标注梁尺寸、柱尺寸以及板厚。

5.1.6.4　画钢筋表

　　选择屏幕右侧主菜单中"画钢筋表"选项,程序自动统计该层楼板中的钢筋,移动鼠标至绘图区域,将钢筋表绘制在合适位置。

　　最终楼板施工图如图 5-12 所示。

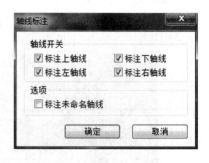

图 5-11　"轴线标注"对话框

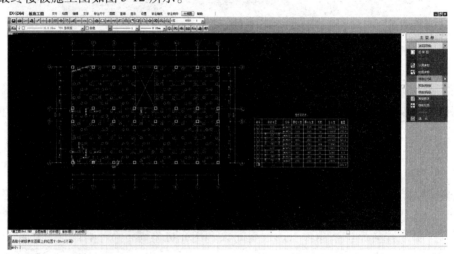

图 5-12　最终楼板施工图

5.1.7　其他层楼板施工图

　　单击屏幕右上角的下拉菜单,如图 5-13 所示,可以选择 2、3 层,按照 5.1.1~5.1.6 节方法生成第 2、3 层楼板施工图。

图 5-13　下拉工具条(一)

5.1.8 楼板施工图的"另存为"与"转换"

大多数 PKPM 软件输出的楼板施工图需要利用其他软件(例如 AutoCAD)进行修改并打印,为了后期很容易地找到需要的楼板施工图,5.1.6 节绘制的楼板施工图最好重新命名另存到指定的文件夹内。

单击图 5-12 中菜单栏中"文件"下拉菜单中的"另存为",弹出"另存为"对话框,如图 5-14 所示,在"文件名"栏输入"1 层楼板施工图",单击"确定"按钮。

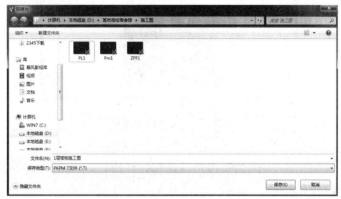

图 5-14 "另存为"对话框(一)

PKPM 软件所输出的施工图图形文件形式为"*.T",而通用的 AutoCAD 图形文件形式为"*.dwg"。

找到保存"1 层楼板施工图"的文件夹"本地磁盘 D"→"某市高校宿舍楼"→"施工图",双击"1 层楼板施工图.T",进入"二维图形编辑、打印及转换"界面,如图 5-15 所示,单击菜单栏中"工具"选项,选择"T 图转 DWG",弹出"打开"对话框,如图 5-16 所示,单击"打开"按钮即可,即在"施工图"文件中出现"1 层楼板施工图.dwg"。

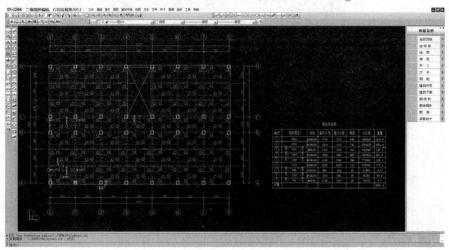

图 5-15 "二维图形编辑、打印及转换"界面

图 5-16　"打开"对话框

5.2　梁施工图

5.2.1　梁平法施工图

5.2.1.1　打开梁平法施工图

在 PKPM 主界面"结构"主页中选择"墙梁柱施工图"中的第 1 项"梁平法施工图",选择"梁平法施工图"选项,弹出"定义钢筋标准层"对话框,如图 5-17 所示,单击"确定",然后进入"梁施工图"绘图环境,程序自动打开第 1 层的梁平法施工图,如图 5-18 所示。

图 5-17　"定义钢筋标准层"对话框

选择右侧主菜单中"参数修改"选项,弹出"参数修改"对话框,如图 5-19 所示,其中"裂缝、挠度计算参数"中"根据裂缝选筋"选择为"是",单击"确定",弹出"梁施工图"对话框,如图 5-20 所示,单击"是"。

5.2.1.2　完善梁平法施工图

单击菜单栏的"标注轴线"以及"标注构件",对施工图进行轴线标注以及梁、柱尺寸标注。完整的梁平法施工图如图 5-21 所示。

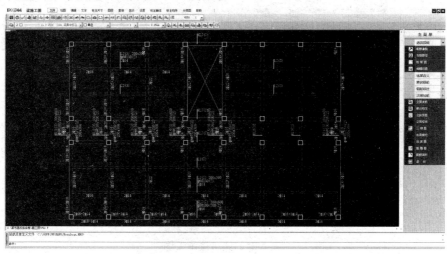

图 5-18　"梁施工图"绘图环境

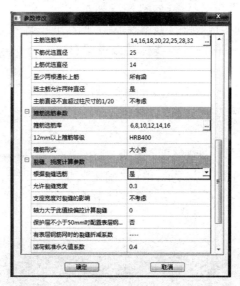

图 5-19　"参数修改"对话框

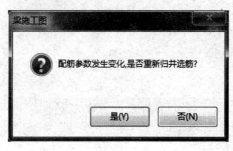

图 5-20　"梁施工图"对话框

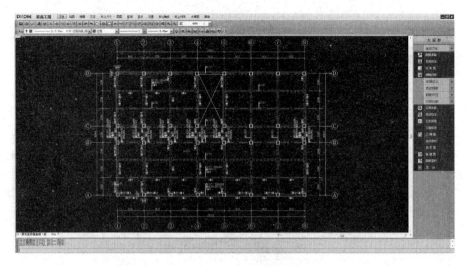

图 5-21　梁平法施工图

5.2.1.3　其余层梁平法施工图

单击屏幕右上角的下拉工具条,如图 5-13 所示,可以选择 2、3 层,程序自动生成第 2、3 层梁平法施工图,同第 1 层梁平法施工图一样进行轴线标注以及梁、柱尺寸标注的操作。

5.2.2　计算结果分析

5.2.2.1　裂缝

选择屏幕右侧主菜单中"裂缝图"选项,弹出"裂缝计算参数"对话框,如图 5-22 所示,单击"确定",屏

图 5-22　"裂缝计算参数"对话框

幕显示梁裂缝图,如图 5-23 所示。在裂缝结果中单击"计算书",可查看梁的裂缝计算过程,如图 5-24 所示。

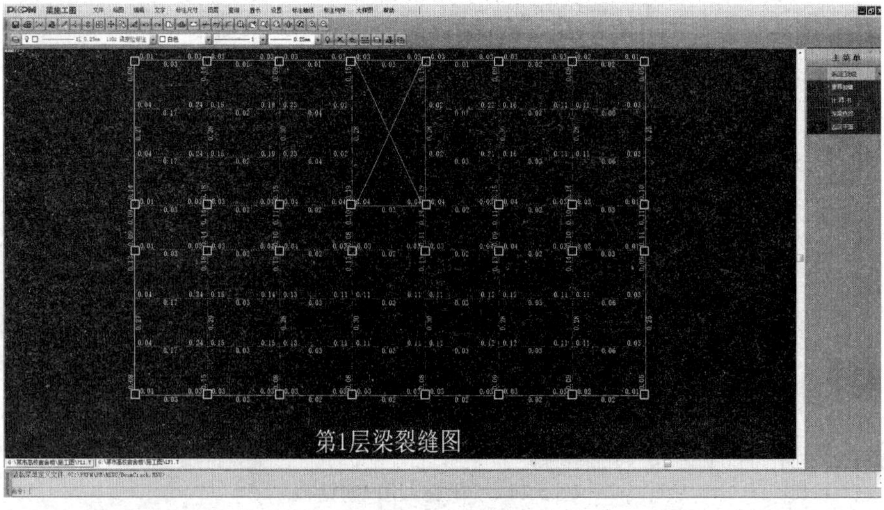

图 5-23　梁裂缝图

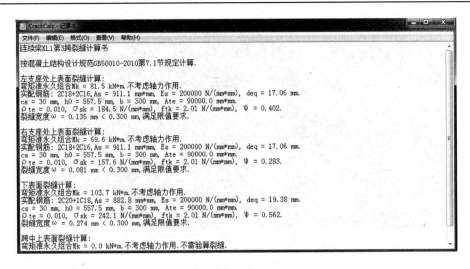

图 5-24 裂缝计算书

如果梁裂缝图中某处裂缝宽度数值出现红色,则代表该处裂缝宽度超过了规范规定。针对梁裂缝宽度超限的情况,首先核查"参数修改"对话框中的"根据裂缝选筋"项是否修改为"是"。如果已经修改而裂缝还是超限,需要核算裂缝超出限值多少,因为 PKPM 的裂缝计算不太准确,一般如果超出比例在 10% 以内可以不用管,例如限值 0.3 mm,实际 0.33 mm 是可以的,当然还需要设计人员根据实际工程情况确定。如果裂缝超出限值过大,则可采取减小钢筋直径、增加钢筋根数的措施。

5.2.2.2 挠度

选择屏幕右侧主菜单中"挠度图"选项,弹出"挠度计算参数"对话框,如图 5-25 所示,单击"确定",屏幕显示梁挠度图,如图 5-26 所示。在挠度计算结果中选择"计算书"选项,可查看梁的挠度计算过程,如图 5-27所示。

如果梁挠度图中某处挠度数值出现红色,则代表该处挠度超过了规范规定。针对梁挠度超限的情况,一般可以采取以下措施:①增加梁截面的宽度或高度;②增加配筋。

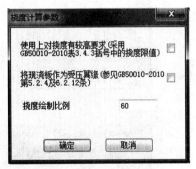

图 5-25 "挠度计算参数"对话框

5.2.3 梁立、剖面施工图

在 PKPM 主界面"结构"页中选择"墙梁柱施工图"中的第 2 项"梁立、剖面施工图",进入"梁立、剖面施工图"绘制界面,如图 5-28 所示。单击右侧主菜单中"立剖面图"选项,根据"命令行"提示,用光标选择要出图的连续梁,选择后右键单击,弹出"另存为"对话框,如图 5-29 所示,单击"保存",弹出"立剖面图绘图参数"对话框,如图 5-30 所示,单击"OK",KL1 的立剖面图即绘制完成,如图 5-31 所示。

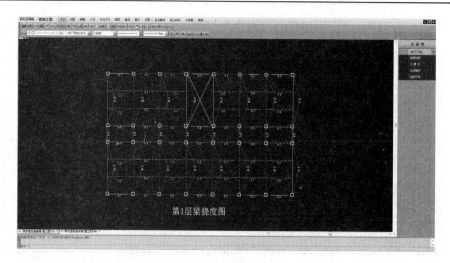

图 5-26　梁挠度图

文件(F)　编辑(E)　格式(O)　查看(V)　帮助(H)

连续梁KL1第3跨挠度计算书

按混凝土结构设计规范GB50010-2010第7.2节规定计算.
Md：恒载弯矩标准值（单位：kN*m）；　　　M1：活载载弯矩标准值（单位：kN*m）；
Mwx：X向风载弯矩标准值（单位：kN*m）；Mwy：Y向风载弯矩标准值（单位：kN*m）；
Mt01：温度T01作用弯矩标准值（单位：kN*m）；Mt02：温度T02作用弯矩标准值（单位：kN*m）；
Mq：荷载效应准永久组合（单位：kN*m）；
Bs：短期刚度（单位：1000*kN*m*m）；　　　Bq：长期刚度（单位：1000*kN*m*m）；

活荷载准永久值系数Ψq = 0.40 .
截面尺寸b*h = 300mm*600mm
底筋：2C20+1C18,As = 882.8mm2.
左支座筋：2C18+2C16,As = 911.1mm2.
右支座筋：2C18+2C16,As = 911.1mm2.

截面号	I	1	2	3	4	5	6	7	J
Md	-76.7	-4.1	52.9	89.2	99.0	92.1	58.8	4.6	-65.1
M1	-12.1	-2.6	5.5	10.8	11.7	11.0	5.9	-2.0	-11.3
Mwx	0.1	0.0	-0.0	-0.0	-0.0	-0.0	-0.0	0.0	0.1
Mwy	6.6	4.9	3.2	1.5	-0.3	-2.0	-3.7	-5.4	-7.1
Mt01	0.0	0.0	0.0	0.0	0.0	0.0	0.0	0.0	0.0
Mt02	0.0	0.0	0.0	0.0	0.0	0.0	0.0	0.0	0.0
Mq	-81.5	-5.1	55.1	93.5	103.7	96.5	61.1	3.8	-69.6
Bs	64.2	64.2	52.4	52.4	52.4	52.4	52.4	52.4	76.1
Bq	39.8	39.8	29.6	29.6	29.6	29.6	29.6	29.6	47.2
挠度mm	0.0	4.8	9.7	13.2	14.6	13.4	10.0	5.0	0.0

图 5-27　梁挠度计算书

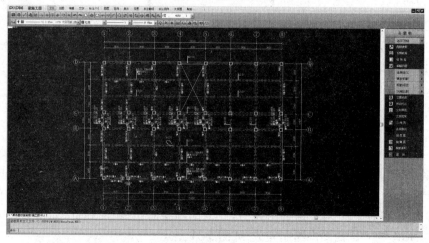

图 5-28　"梁立、剖面施工图"绘制界面

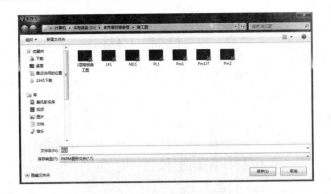

图 5-29 "另存为"对话框(二)

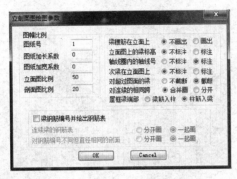

图 5-30 "立剖面图绘图参数"对话框

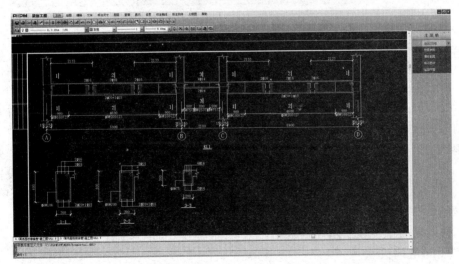

图 5-31 KL1 立剖面图

5.2.4 梁施工图的"另存为"与"转换"

方法同 5.1.8 节内容。

5.3　柱施工图

5.3.1　柱平法施工图

5.3.1.1　打开柱平法施工图

在 PKPM 主界面"结构"页中选择"墙梁柱施工图"中的第 3 项"柱平法施工图"。双击"柱平法施工图",进入第 1 层"柱施工图"绘图环境,如图 5-32 所示。

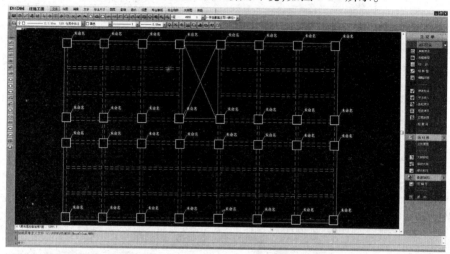

图 5-32　第 1 层"柱施工图"绘图环境

5.3.1.2　柱归并

柱归并是指一定程度内截面尺寸及配筋相差不大的柱子可以归并成一类。概念中"一定程度内"是通过归并系数控制的。归并系数取小,构件分类多,施工不便,图面纷乱,但经济;归并系数取大,构件分类少,施工简便,图面简单,但不经济。因此,归并系数的取值需要根据实际需求来控制。

单击主菜单"参数修改"选项,弹出"参数修改"对话框,如图 5-33 所示。查看"归并系数",程序默认的"归并系数"为 0.2,为了减少柱子类型,本例中将"归并系数"设置为0.6,单击"确定"。单击屏幕右侧主菜单中的"归并"选项,程序按设定的钢筋层和归并系数自动进行柱归并操作。

归并结果如图 5-34 所示。

5.3.1.3　连柱拷贝

通过调整归并系数得到柱施工图中柱子的种类依旧很多,考虑到施工问题,需要进一步减少柱子的种类。

选择"配筋面积"中"实配面积"选项,柱施工图中将显示所有柱子的配筋信息,选择配筋率较大的柱子 KZ3 作为所有柱子复制的对象。

选择"连柱拷贝"选项,根据"命令行"的提示,选择要复制的参考柱子:柱 KZ3,再用光标选择要修改的柱,按【Esc】键,弹出"柱钢筋复制"对话框,勾选全部选项,如图 5-35

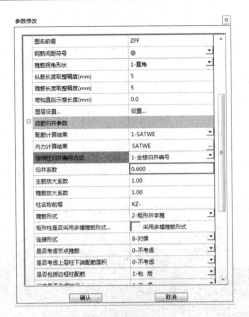

图5-33 "参数修改"对话框

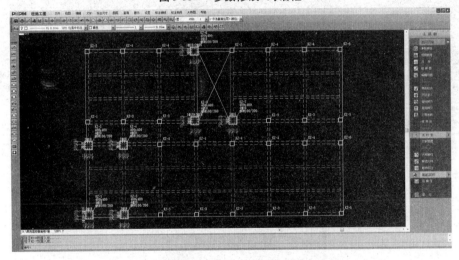

图5-34 归并后柱施工图

所示,单击"确认",此时柱施工图中所有柱子均一样,如图5-36所示。

5.3.1.4 层间拷贝

考虑到施工问题,如果需要将第2、3层柱设计成与第1层相同的柱,单击"层间拷贝",弹出"层间钢筋复制"对话框,如图5-37所示,"选择复制目标层"勾选为2、3层,"选择复制项"中所有选项均勾选,单击"确定"。

5.3.1.5 完善柱平法施工图

方法同5.2.1节内容。最终柱平法施工图见图5-38。

5.3.1.6 柱画法选择

单击屏幕右上角的下拉菜单栏"画法选择",如图5-39所示,还可以选择其他方式绘制施工图。

5.3.1.7　其余层柱平法施工图

单击屏幕右上角的下拉菜单,如图 5-13 所示,可以选择 2 层或 3 层,同第 1 层柱平法施工图一样进行轴线标注以及梁、柱尺寸标注的操作。

5.3.2　柱立、剖面施工图

在 PKPM 主界面"结构"页中选择"墙梁柱施工图"中的第 4 项"柱立、剖面施工图"。

单击"立剖面图",根据"命令行"提示,用光标选择要修改的

图 5-35　"柱钢筋复制"对话框

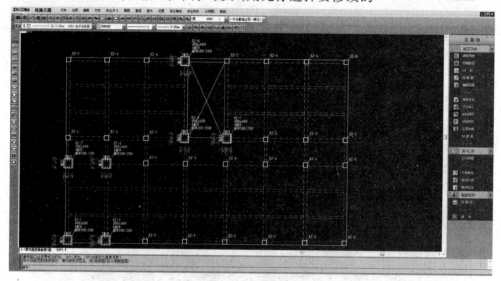

图 5-36　连柱拷贝后的柱施工图

图 5-37　"层间钢筋复制"对话框

柱,点选柱后,右键单击或按【Esc】键,弹出"选择柱子"对话框,如图 5-40 所示,单击"确

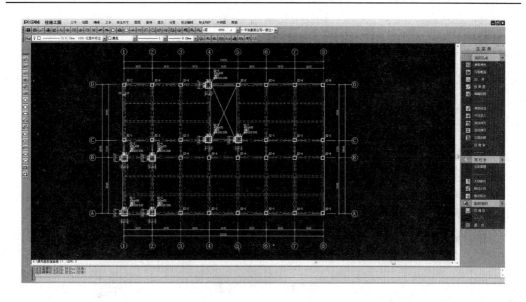

图 5-38 最终柱平法施工图

认",弹出柱立、剖面图,如图 5-41 所示。单击图 5-41 右侧"返回平面"选项返回"柱施工图绘图环境",单击"退出"返回主界面。

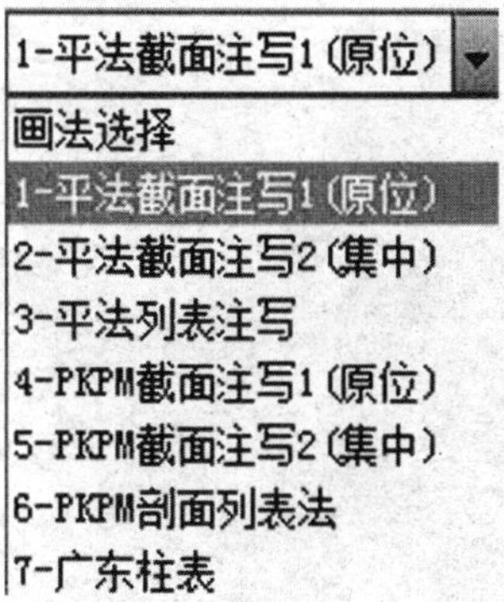

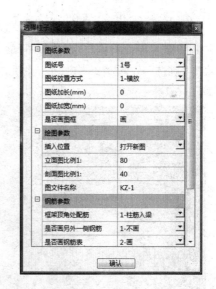

| 1-平法截面注写1(原位) | ▼ |
| 画法选择 |
| 1-平法截面注写1(原位) |
| 2-平法截面注写2(集中) |
| 3-平法列表注写 |
| 4-PKPM截面注写1(原位) |
| 5-PKPM截面注写2(集中) |
| 6-PKPM剖面列表法 |
| 7-广东柱表 |

图 5-39 "画法选择"下拉菜单

图 5-40 "选择柱子"对话框

5.3.3 柱施工图"另存为"与"转换"

方法同 5.1.8 节内容。

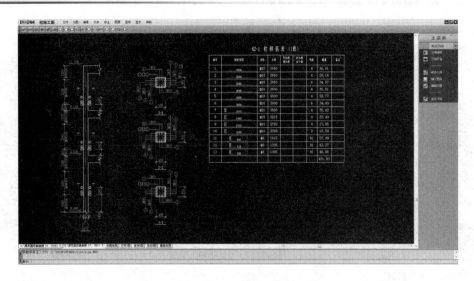

图 5-41　柱立剖面图

5.4　一榀框架施工图

5.4.1　挑选一个框架结构

在 PKPM 主界面"结构"页中选择"墙梁柱施工图"中的第 5 项"挑选一个框架结构"。双击"挑选一个框架结构",进入"挑选一个框架结构"界面,如图 5-42 所示。

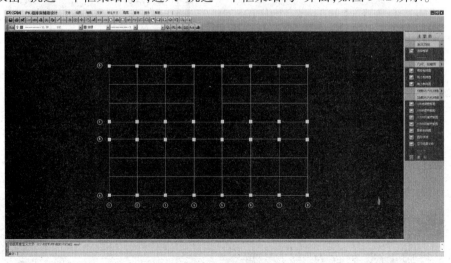

图 5-42　"挑选一个框架结构"界面

选择屏幕右侧主菜单中"选择框架"选项,"命令行"提示:"请输入要计算框架的轴线号:(【Tab】键转为节点方式点取)",在"命令行"输入"3",按回车键,此时 3 号定位轴线所对应的一榀框架被选择。可选择查看该榀框架的几何荷载图、恒载内力包络图、活载内力包络图等信息。

5.4.2　画整榀框架施工图

在 PKPM 主界面"结构"页中选择"墙梁柱施工图"中的第 6 项"画整榀框架施工图"。
双击"画整榀框架施工图",弹出"PK21 选筋、绘图参数"对话框,如图 5-43 所示。

图 5-43　"PK21 选筋、绘图参数"对话框

单击图 5-43 右下角的"确定",进入"PK 钢筋混凝土梁柱配筋施工图"界面,如
图 5-44所示。

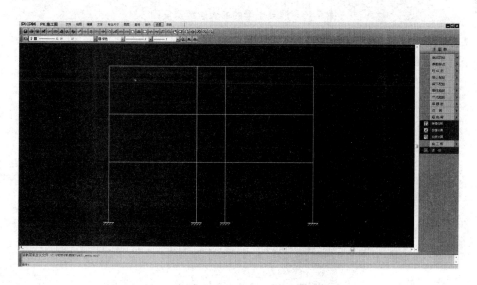

图 5-44　"PK 钢筋混凝土梁柱配筋施工图"界面

选择右侧主菜单栏"裂缝计算"选项,弹出"PKPM"对话框,如图 5-45 所示,单击"确定",屏幕显示"混凝土梁的最大裂缝宽度图",如图 5-46 所示。

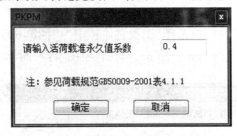

图 5-45　"PKPM"对话框

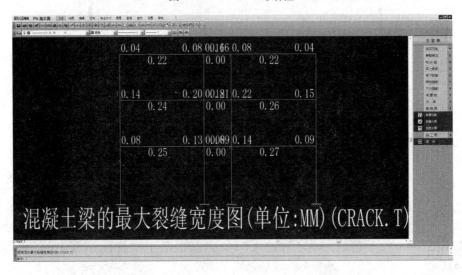

图 5-46　混凝土梁的最大裂缝宽度图

选择右侧主菜单栏"挠度计算"选项,弹出如图 5-45 所示的对话框,单击"确定",屏幕显示"混凝土梁的挠度图",如图 5-47 所示。

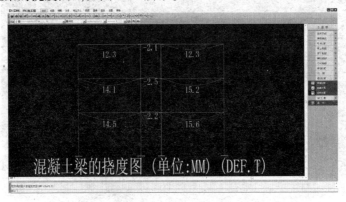

图 5-47　混凝土梁挠度图

选择右侧主菜单"施工图"中"画施工图"选项,弹出"PKPM"对话框,输入该框架的名称:KJ3,如图 5-48 所示,单击"确定",程序自动生成一榀框架施工图,如图 5-49 所示。

图 5-48 PKPM 对话框

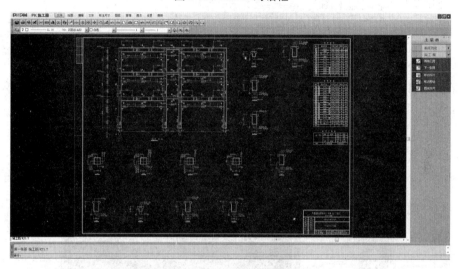

图 5-49 一榀框架施工图

最后,单击屏幕右侧主菜单中"退出"选项,返回主界面。

6　JCCAD 独立基础设计

利用 PKPM 软件中 JCCAD 模块进行独立基础设计,需要运行第 2 项"基础人机交互输入"及第 7 项"基础施工图"。

6.1　基础人机交互输入

在 PKPM 主界面"结构"主页中选择"JCCAD"中的第 2 项"基础人机交互输入",如图 6-1所示。

图 6-1　"基础人机交互输入"选项

注意:图 6-1 中右下角的"当前工作目录"必须选择与基础相对应的上部结构设计的文件夹。在 JCCAD 模块中进行基础设计需要 PMCAD 中的几何数据文件和荷载数据文件,以及 SATWE 分析结果的数据。

双击"基础人机交互输入",进入"基础模型输入"界面,如图 6-2 所示。

6.1.1　参数输入

进入"基础人机交互输入"界面后,选择屏幕右侧主菜单"参数输入"中"基本参数"选项,弹出"基本参数"对话框,如图 6-3 所示。"基本参数"共有 4 个选项:地基承载力、基础设计参数、其他参数及标高系统。

6.1.1.1　地基承载力计算参数

地基承载力计算参数如图 6-3 所示。

(1)下拉对话框选择设计依据的规范,按国家规范设计时一般选择"综合法"。

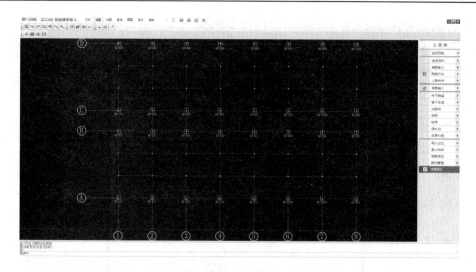

图 6-2 "基础模型输入"界面

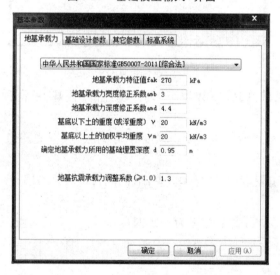

图 6-3 "基本参数"对话框

(2)地基承载力特征值:按持力层岩性取值,参考地质资料。本例的地基承载力特征值见表 2-1。

(3)地基承载力宽度修正系数、地基承载力深度修正系数:按《基规》中表 5.2.4 的要求进行取值,宽度修正系数为 3.0,深度修正系数为 4.4。

(4)基底以下土的重度(或浮重度)、基底以上土的加权平均重度:按地勘岩性、水位、基础标高取值。本例中此两项取程序缺省值。

(5)确定地基承载力所用的基础埋置深度:是指深度修正计算的基础埋深,此项用于独基、条基计算,不用于筏板计算。《基规》5.2.4 条规定,当采用独基或条形基础时,基础埋置深度应从室内地面算起。本例中,基础埋置深度 = 室内外高差 + 建筑基础埋置深度 = 950 mm。

（6）抗震承载力调整系数：按岩性与《抗规》中表4.2.3的要求进行取值，为1.3。

6.1.1.2　基础设计参数

选择"基本参数"对话框中"基础设计参数"选项，如图6-4所示。

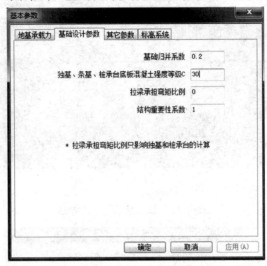

图6-4　"基础设计参数"选项

（1）基础归并系数：归并系数越小，设计越经济，独基、承台种类越多，一般建议取0.2。

（2）独基、条基、桩承台底板混凝土强度等级 C：根据《混规》4.1.2条规定取值。本例为 C30。

（3）拉梁承担弯矩比例：一般填0。基础计算时，一般认为墙、柱根部的弯矩完全由独基、承台承担。

（4）结构重要性系数：安全等级为一级时取1.1，一般工程均为1.0。本例为一般工程，取程序缺省值1。

6.1.1.3　其他参数

选择"基本参数"对话框中"其他参数"选项，如图6-5所示。

（1）人防参数：此参数对筏板等整体式基础有影响，按实际工程情况选填。本例此项不做修改。

（2）单位面积覆土重（覆土压强）：此项影响独基、独立承台的计算结果，如果选择"自动计算"，务必核对计算结果是否正确，优先选择"人为设定"并填入数值（覆土顶面至基地距离）。

6.1.1.4　标高系统

选择"基本参数"对话框中"标高系统"选项，如图6-6所示。

标高系统中各参数均根据实际工程情况进行填写。

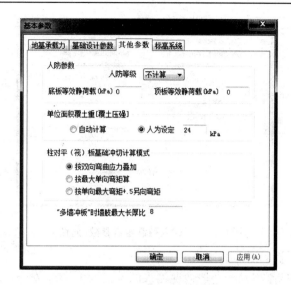

图 6-5 "其他参数"选项

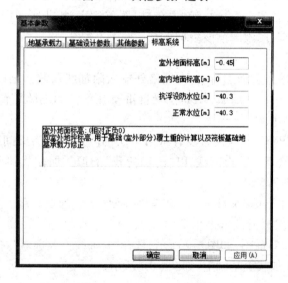

图 6-6 "标高系统"选项

6.1.2 荷载输入

6.1.2.1 荷载参数

选择屏幕右侧主菜单"荷载输入"中"荷载参数"选项,弹出"请输入荷载组合参数"对话框,如图 6-7 所示。

(1)各组合值系数、准永久值系数等需按《荷规》要求确定。

(2)分配无柱节点荷载:此项勾选后,可以避免特殊情况下荷载丢失。

(3)《抗规》6.2.3 柱底弯矩放大系数:应按与基础相连柱的抗震等级输入。

(4)基础计算时,若需折减活荷载,应在图 6-7"活荷载按楼层折减系数"中输入数值

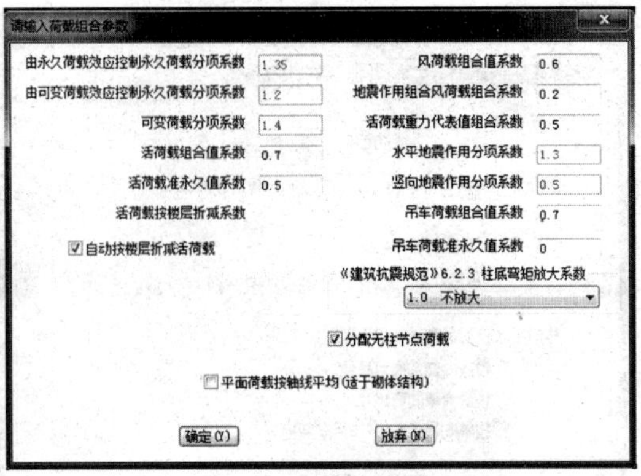

图 6-7 "请输入荷载组合参数"对话框

或勾选"自动按楼层折减活荷载"。

"活荷载按楼层折减系数"一般情况输入的数值为 1,偏于安全。

若勾选"自动按楼层折减活荷载",则按《荷规》中表 5.1.2 取值。**注意**:表 5.1.2 的折减系数仅适用于"住宅、宿舍、旅馆、办公楼、医院病房、托儿所、幼儿园",只要建筑中部分楼层功能与此不符,按该规范该条折减就是偏于不安全。

6.1.2.2 附加荷载

可以在节点处输入附加点荷载,在网格处输入附加线荷载。某些在主体结构中未输入,而又需要由基础承担的荷载,比如拉梁自重及其承担的隔墙等荷载,可作为"附加荷载"输入至基本模型中。

本例中结构在 PMCAD 建模时没有将第 1 层的隔墙转换为梁间荷载加在结构上,所以这部分隔墙需要换算成节点荷载,以"附加荷载"的形式加在基础上。填充墙节点荷载 $N = ql = 11 \times 7.05 = 77.55 (\mathrm{kN})$。

选择屏幕右侧主菜单"荷载输入"中"附加荷载"中"加点荷载"选项,弹出"附加点荷载输入"对话框,输入恒荷载标准值 80 kN,如图 6-8 所示,根据"命令行"提示,按【Tab】键,弹出"方式选取"对话框,如图 6-9 所示,选择"1 轴线方式选取",鼠标选取基础所在的轴线,将附加点荷载加载至基础上,如图 6-10 所示。

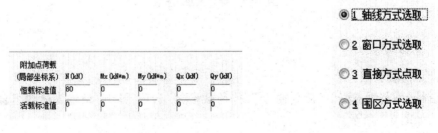

图 6-8 "附加点荷载输入"对话框 图 6-9 "方式选取"对话框(一)

6.1.2.3 读取荷载

其余结构荷载需要读取 SATWE 中的荷载数据。选择屏幕右侧主菜单"荷载输入"中"读取荷载"选项,弹出"请选择荷载类型"对话框,如图 6-11 所示,在"选择荷载来源"选

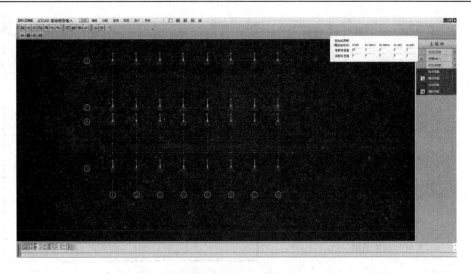

图6-10 已加载附加点荷载

项组中选择"SATWE 荷载",然后单击"确认"。

图6-11 "请选择荷载类型"对话框

6.1.3 独基生成

选择屏幕右侧主菜单"柱下独基"中"自动生成"选项,根据"命令行"提示,按【Tab】键,弹出如图6-12 所示对话框,点取"窗口方式选取",利用鼠标将建模区域内所有柱子窗口框选,屏幕内弹出"基础设计参数输入"对话框,如图6-13 所示。

在"地基承载力计算参数"对话框中一般勾选"自动生成基础时做碰撞检查"。勾选此项后,临近基础重叠时将合并为联合基础。联合基础的面积往往偏大,应人工核算。其他参数同前所述。

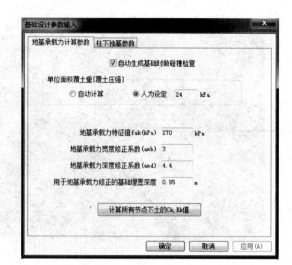

◉ 1 轴线方式选取

◉ 2 窗口方式选取

◉ 3 直接方式点取

◉ 4 围区方式选取

图 6-12　"方式选取"对话框(二)　　　　图 6-13　"基础设计参数输入"对话框

"柱下独基参数"对话框如图 6-14 所示。

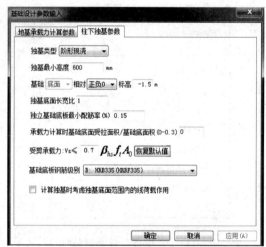

图 6-14　"柱下独基参数"对话框

(1)"独基类型"按实际工程情况选择。

(2)"独基底面长宽比"一般为 1,其他按实际工程情况修改。

(3)"独立基础底板最小配筋率(％)"可以采用缺省值 0.15。

(4)"承载力计算时基础底面受拉面积/基础底面积(0 - 0.3)"一般可按《抗规》4.2.4 条确定。

(5)根据《基规》8.2.9 条的规定,"受剪承载力"不等式右侧一般为 0.7。

(6)"基础底板钢筋级别"按实际工程情况选用。

(7)有混凝土墙与柱相连、有独基承担混凝土墙荷载时,应勾选"计算独基时考虑独基底面范围内的线荷载作用"。

单击"基础设计参数输入"对话框右下角的"确定",程序自动生成柱下独立基础,如

图 6-15 所示。

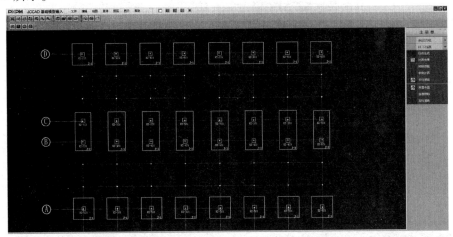

图 6-15 独立基础

图 6-15 中共有三种类型独基,其中 J-2 与 J-3 截面尺寸大小基本接近。选择"柱下独基"中"独基布置"选项,弹出"[柱下独立基础]定义"对话框,如图 6-16 所示,选中 2 号、3 号基础,单击"修改",进一步查看 J-2 与 J-3 的配筋情况,如图 6-17、图 6-18 所示,两者配筋完全相同。考虑到方便施工,将 J-2 换成 J-3。选中图 6-16 中的 3 号基础,单击"布置",在"请输入移心值"对话框的"偏轴移心"中输入 1 050,根据"命令行"提示,选中 1 号定位轴线与 B 号定位轴线相交的节点、8 号定位轴线与 B 号定位轴线相交的节点,J-2 即被替换成 J-3,如图 6-19 所示。

图 6-16 "[柱下独立基础]定义"对话框

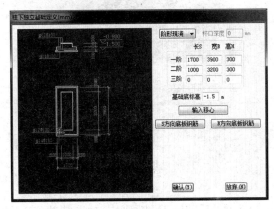

图 6-17 J-2 截面尺寸及配筋信息

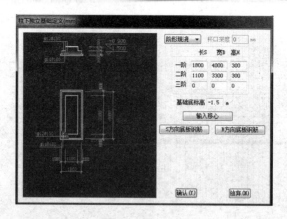

图 6-18　J-3 截面尺寸及配筋信息

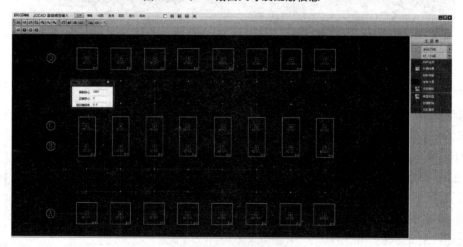

图 6-19　最终独立基础布置

　　单击屏幕右侧"主菜单",选择"结束退出"选项,弹出"选择后续操作"对话框,如图 6-20 所示,单击"执行"。

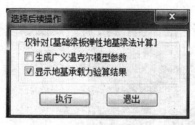

图 6-20　"选择后续操作"对话框

6.2　基础施工图

　　选择 JCCAD 模块中第 7 项"基础施工图",双击进入基础施工图绘图界面,如图 6-21 所示。

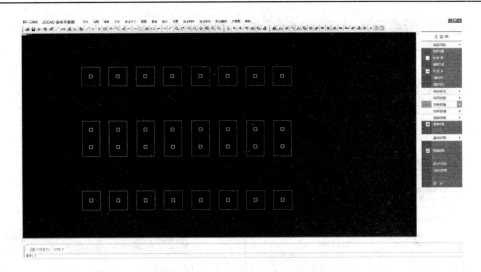

图 6-21　基础施工图绘图界面

6.2.1　标注轴线与构件尺寸

在屏幕上方菜单栏"标注轴线"中选择"自动标注"选项,弹出"自动标注轴线参数"对话框,如图 6-22 所示,选择要标注轴线的方向,然后单击"确定"。在屏幕上方菜单栏"标注构件"中选择"独基尺寸"选项,标注每个独立基础相对于轴线的尺寸。

6.2.2　标注独基编号

在屏幕上方菜单栏"标注字符"中选择"独基编号"选项,弹出"请选择"对话框,提示"请选择编号标注方式",如图 6-23 所示,选择"自动标注",程序自动对所有独立基础进行编号。

图 6-22　"自动标注轴线参数"对话框

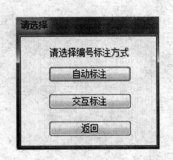

图 6-23　"请选择"对话框

6.2.3　绘制基础详图

选择屏幕右侧主菜单中"基础详图"选项,弹出如图 6-24 所示对话框,选择"在当前图中绘制详图"。

（1）选择"基础详图"中"绘图参数"选项，可设置绘图相关参数，如图 6-25 所示，图中参数可根据需要进行修改。

（2）插入详图。选择"基础详图"中"插入详图"选项，弹出"选择基础详图"对话框，如图 6-26 所示，选择详图 J－1 和 J－2 到屏幕指定的位置。

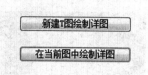

图 6-24　详图绘制方式选择

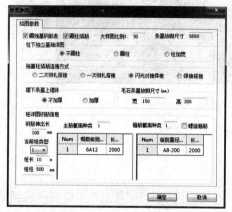

图 6-25　"绘图参数"对话框

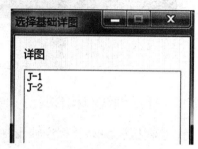

图 6-26　"选择基础详图"对话框

（3）插入钢筋表。选择"基础详图"中"钢筋表"选项，移动光标将钢筋表移动到屏幕指定位置。

（4）写图名。选择"写图名"选项，将鼠标移动到基础平面布置图的正下方，单击左键即出现"基础平面布置图 1:100(30)"的字样。

最终完成的基础施工图如图 6-27 所示。

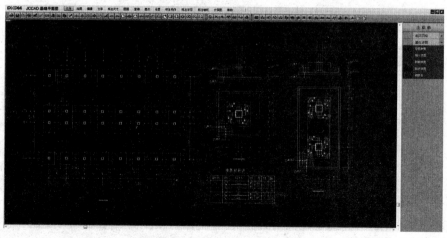

图 6-27　最终完成的基础施工图

7　LTCAD 普通楼梯设计

LTCAD 可以从 PMCAD 中直接读取楼梯数据,也可独立对各层楼梯间及楼梯进行建模。以下从 LTCAD 独立建模角度进行讲解。

7.1　交互式数据输入

7.1.1　主信息参数设置

在 PKPM"结构"主页中选择"LTCAD"模块,如图 7-1 所示,双击第 1 项"普通楼梯设计",进入"楼梯交互输入"主界面,如图 7-2 所示。

图 7-1　"LTCAD"模块

选择屏幕右侧主菜单中"主信息"选项,弹出"LTCAD 参数输入"对话框,如图 7-3 所示。"LTCAD 参数输入"有两个选项:"楼梯主信息一""楼梯主信息二"。

(1)"楼梯主信息一"中参数可以采用程序缺省值,也可根据情况修改。

(2)"楼梯主信息二"中各参数的选取:

①楼梯板装修荷载:根据楼梯板装修情况计算,本例采用程序缺省值。

②楼梯板活载:查《荷规》表 5.1.1,楼梯板活载为 3.5 kN/m²。

③楼梯板混凝土强度等级、受力主筋级别:根据工程情况选用,本例分别为 C30、HRB400。

④休息平台厚度:根据工程情况选用,整个楼梯休息平台板取一个厚度,本例为 120 mm。

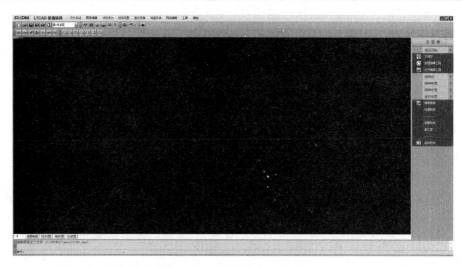

图 7-2 "楼梯交互输入"主界面

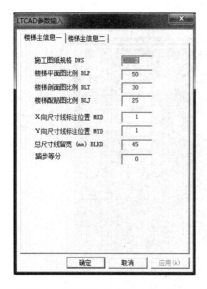

图 7-3 "LTCAD 参数输入"对话框

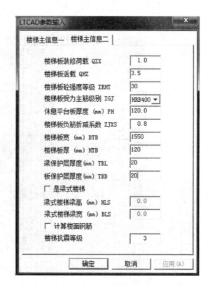

图 7-4 "楼梯主信息二"选项

⑤楼梯板宽:根据建筑施工图中设计尺寸输入,与图 7-21 中的"各梯段宽"一致。本例为 1 550 mm。

⑥楼梯板厚:根据工程情况选用,本例为 120 mm。

⑦板保护层厚度、梁保护层厚度:根据《耐规》表 4.3.1 及《混规》表 8.2.1 确定,本例均为 20 mm。

7.1.2 新建楼梯工程

选择屏幕右侧主菜单"新建楼梯工程"选项,弹出"新建楼梯工程"对话框,如图 7-5 所示。

选择"手工输入楼梯间",输入楼梯文件名,如"楼

图 7-5 "新建楼梯工程"对话框

梯",单击"确认"。

7.1.3 楼梯间建模

7.1.3.1 矩形房间建模

选择屏幕右侧主菜单"楼梯间"中"矩形房间"选项,弹出"矩形梯间输入"对话框,如图7-6所示。

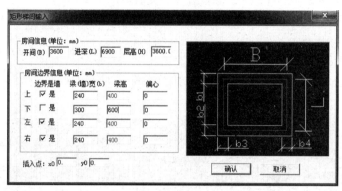

图7-6 "矩形梯间输入"对话框

图7-6右侧预览区中:B为楼梯间纵向定位轴线之间的距离;L为楼梯间横向定位轴线之间的距离;b1、b2、b3、b4为楼梯间四周对应各梁的宽度或各墙体的厚度。

本例中"开间"3600,"进深"6900,"房间边界信息"的填写见图7-6。

单击"确认",屏幕中出现如图7-7所示的图形。图中绿色线形代表墙体,青色代表梁。

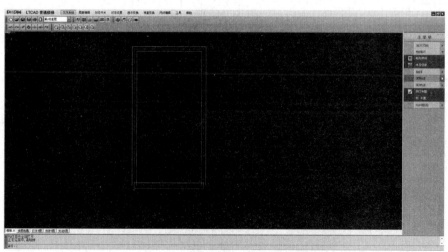

图7-7 矩形房间初步模型

7.1.3.2 本层信息

选择"本层信息"选项,弹出"用光标点明要修改的项目"对话框,如图7-8所示。

7.1.3.3 轴线命名

选择"楼梯间"中"轴线"中"轴线命名"选项,按照第 3.2.2 节方法进行轴线命名。轴线已命名的楼梯间模型如图 7-9 所示。

7.1.3.4 梁布置

选择"楼梯间"中"画梁线"中"梁布置"选项,与 PMCAD 中主梁建模方法相同,在建模区域的确定位置布置梁,如图 7-10 所示。

7.1.3.5 墙布置

选择"楼梯间"中"画墙线"中"墙布置"选项,弹

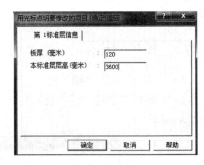

图7-8   "用光标点明要修改的项目"对话框

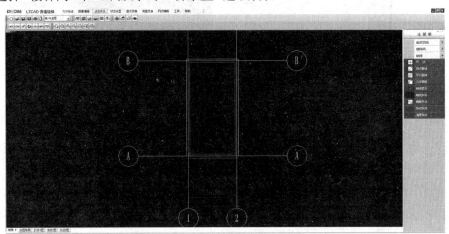

图7-9   轴线已命名的楼梯间模型

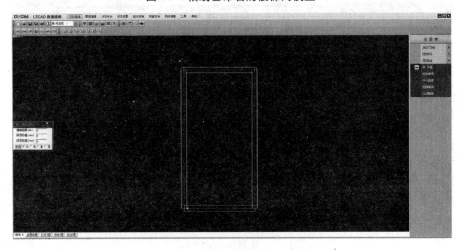

图7-10   已布置梁的楼梯间模型

出"墙截面列表"对话框,如图 7-11 所示。点选图 7-11 中的 1 号梁,单击"修改",弹出如图 7-12所示对话框,选择"填充墙",弹出"输入第 1 标准墙参数",如图 7-13 所示,填充墙

高度＝层高－梁高＝3000，将"直段高度"修改为3000，单击"确定"，返回"墙截面列表"对话框，单击"退出"即可。

图7-11　"墙截面列表"对话框

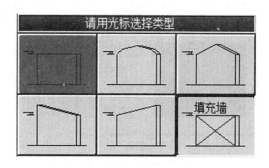

图7-12　"请用光标选择类型"对话框

7.1.3.6　洞口布置

选择"楼梯间"中"洞口布置"选项，弹出"洞口截面列表"对话框，选择"新建"按钮，弹出"请用光标选择类型"对话框，如图7-14所示，选择矩形截面，弹出"输入第1标准洞口参数"对话框，宽输入"1500"，高输入"1800"，如图7-15所示，选择"确定"按钮，返回"洞口截面列表"对话框，如图7-16所示。点选图7-16中已定义的洞口，选择"布置"按钮，建模区域弹出如图7-17所示的对话框，底部标高修改为1 200。根据"命令行"提示，用光标方式选择目标墙体，此时"命令行"提示：可能与这个构件重迭！替换/迭加/放弃？（【Ent】/【Tab】/【Esc】），按回车键，最后按【Esc】键退出。布置洞口后的楼梯间如图7-18所示。

图7-13　"输入第1标准墙参数"对话框

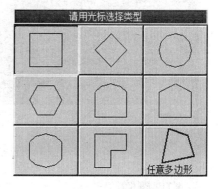

图7-14　"请用光标选择类型"对话框

7.1.3.7　柱布置

选择"楼梯间"中"柱布置"选项，与PMCAD中柱建模方法相同，在建模区域的确定位置布置柱，如图7-19所示，黄色线型代表的是柱。

图 7-15　"输入第 1 标准洞口参数"对话框　　　　图 7-16　"洞口截面列表"对话框

图 7-17　"第 1 洞口 1 500 * 1 800"对话框

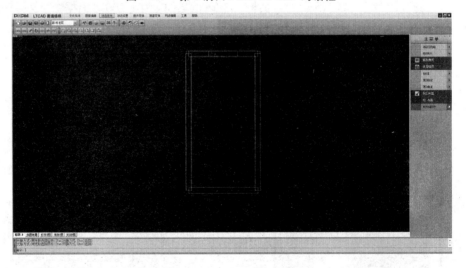

图 7-18　已布置洞口的楼梯间模型

7.1.4　构件删除

选择"楼梯间"中"构件删除"选项,与 PMCAD 中构件删除方法相同。

7.1.5　楼梯建模

房间布置完成后,进行楼梯布置。选择"楼梯布置"中"对话输入"选项,弹出"请选择

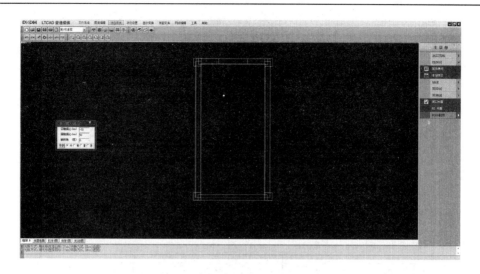

图7-19　柱布置后的楼梯间模型

楼梯布置类型"对话框,如图7-20所示,选择"平行两跑楼梯",弹出"平行两跑楼梯—智能设计"对话框,如图7-21所示。

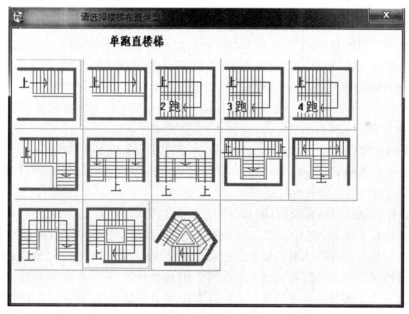

图7-20　"请选择楼梯布置类型"对话框

(1)起始节点号:调整从哪个节点开始上楼梯。本例中楼梯的起始节点号是3。

(2)踏步总数、踏步宽度:根据实际工程情况填写。本例中每层踏步总数均为24,每层踏步宽度均为300 mm。

(3)各梯段宽:当楼梯各梯段宽度一致时,可以在此进行调整,如果各梯段宽度不一致,此处可不调整,需要在"各标准跑详细设计数据"的"宽度"中进行调整。

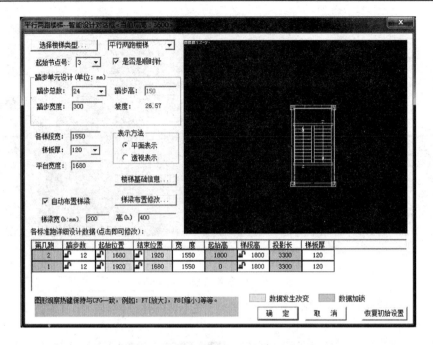

图 7-21　"平行两跑楼梯—智能设计"对话框

图 2-9 中给出的各梯段宽度是 1 580 mm,此尺寸是指梯井边缘至墙边缘的距离。图 7-21 中"各梯段宽"是指梯井边缘至梁边的距离,"各梯段宽" = 梯井边缘至墙边缘的距离 – 梁边缘到墙边缘的距离 = 1 580 – 30 = 1 550(mm)。

(4)梯板厚:梯段斜板的厚度一般取 $h = (1/30 \sim 1/25) \, l_0$, l_0 为斜板水平方向的跨度。本例中梯板厚取为 120 mm。

(5)平台宽度:根据实际工程情况填写。本例中平台宽度是 1 680 mm。

(6)自动布置梯梁:此项一般勾选。此项勾选后程序将自动布置梯梁,可以通过"梯梁布置修改"对梯梁参数进行修改。

(7)各标准跑详细设计数据:根据楼梯建筑施工图确定各数据。

本例中,第 1 跑的"起始位置"是指第 1 跑起始位置与 C 号定位轴线之间的距离"1 920 mm";第 1 跑的"结束位置"是指第 1 跑结束位置与 D 号定位轴线之间的距离"1 680 mm";第 2 跑的"起始位置"是指第 2 跑起始位置与 D 号定位轴线之间的距离"1 680 mm";第 2 跑的"结束位置"是指第 2 跑结束位置与 C 号定位轴线之间的距离"1 920 mm"。所以第 1 跑的"起始位置"与第 2 跑的"结束位置"数值相等,第 1 跑的"结束位置"与第 2 跑的"起始位置"数值相等,而且"平台宽度" = 第 1 跑"结束位置"。"宽度"是指楼梯斜段宽度,即"各梯段宽"。

7.1.6　竖向布置

在各标准层的平面布置完成后,选择屏幕右侧主菜单"竖向布置"中"楼层布置"选项,弹出"楼层组装"对话框,参照第 3.6 节 PMCAD 中楼层组装方法对楼梯进行组装,如图 7-22 所示,组装完成后,单击"确定"退出。

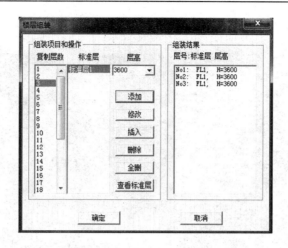

图 7-22 "楼层组装"对话框

选择屏幕右侧主菜单"竖向布置"中"全楼组装"
选项,弹出图 7-23 所示的对话框,单击"确定"即可。

7.1.7 数据检查

选择"数据检查"选项。完成楼梯的整体输入
后,进行楼梯输入的数据检查,不满足程序要求的不
能进行楼梯结构计算。

单击屏幕右侧主菜单"退出",选择"存盘退出"。

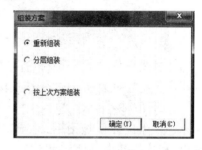

图 7-23 "组装方案"对话框

7.2 钢筋校核

选择"配筋校核"选项,弹出"楼梯钢筋计算校核"界面,如图 7-24 所示。

图 7-24 "楼梯钢筋计算校核"界面

单击“上一跑”，进入“上一跑楼梯钢筋计算校核”界面，如图 7-25 所示。

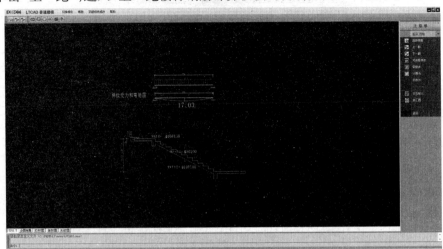

图 7-25 “上一跑楼梯钢筋计算校核”界面

上述过程是程序对楼梯进行结构计算分析，计算结构及选出的钢筋显示在屏幕上，可利用屏幕左上角菜单栏中“钢筋校核修改”选项对钢筋进行修改。

选择图 7-24 右侧菜单栏中“计算书”选项，弹出“计算书设置”对话框，如图 7-26 所示，单击“生成计算书”按钮，生成楼梯钢筋计算书，如图 7-27 所示。选择“钢筋表”选项，弹出“楼梯钢筋表”界面，如图 7-28 所示。

图 7-26 “计算书设置”对话框

楼梯钢筋计算书

编号：

一、荷载和受力计算

1、楼梯计算简图如下：

2、计算公式如下：

hh=dd+A/TL

$q=1.2\times(q_{装修}+25\times hh)/\cos\theta+1.4\times q_{活}$

$q=1.35\times(q_{装修}+25\times hh)/\cos\theta+1.4\times0.7\times q_{活}$

其中hh：楼梯梯板在不同受力段取不同的值，上图所示取楼梯梯板折算高度。

在楼梯折板处取梯板厚度；在平台处取平台厚度；在楼板处取楼板厚度。

3、荷载计算参数（单位：kg/m）：

装修荷载：Qz=1.00；

活　　载：Qh=3.50；

恒载分项系数：1.2，1.35；

活载分项系数：1.4，1.4×0.7；

梯板负筋折减系数：(ZJXS)=0.8。

图 7-27 楼梯钢筋计算书

修改完成后，点击“返回”即可。

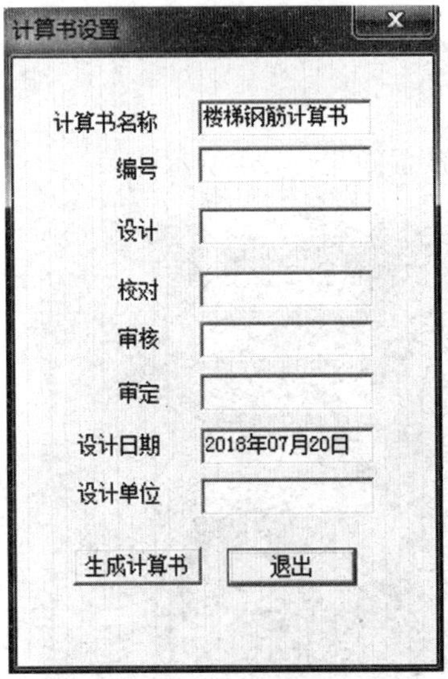

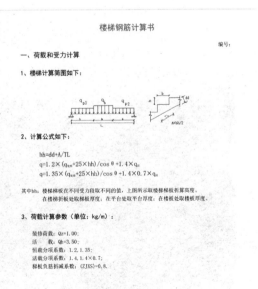

楼梯钢筋表

编号	钢筋简图	规格	长度	根数	重量
①	3690	ф10	3690	48	109
②	1500	ф8	1500	102	60
③	110 1050 150	ф10	1310	36	29
④	130 1160	ф10	1520	36	34
⑤	3970	ф10	3970	48	117
⑥	110 1130 150	ф10	1390	36	31
⑦	240 1170	ф10	1580	36	35
⑧	1580	ф8	1580	72	45
⑨	3600	ф8	3600	31	44
⑩	110 650	ф8	870	108	37
⑪	110 1100	ф8	1320	47	24
⑫	3800	ф25	3800	12	176
⑬	330 3800	ф25	4460	12	206
⑭	150 350	ф8	1100	120	52

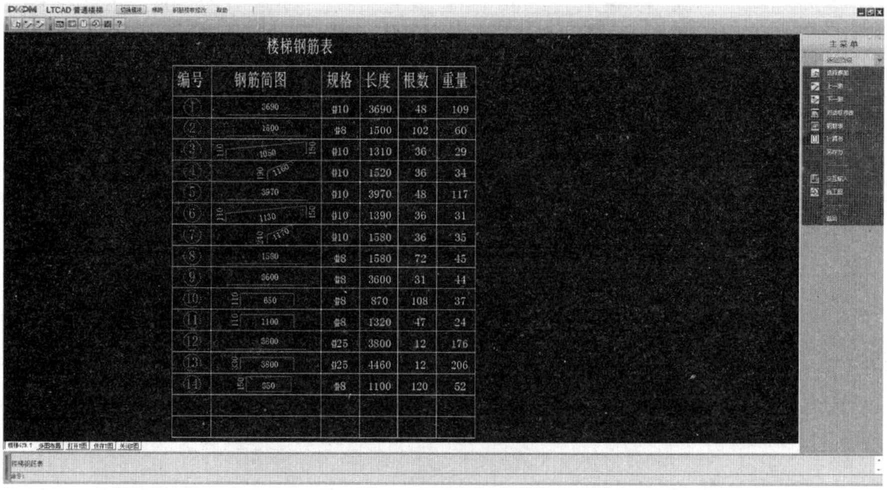

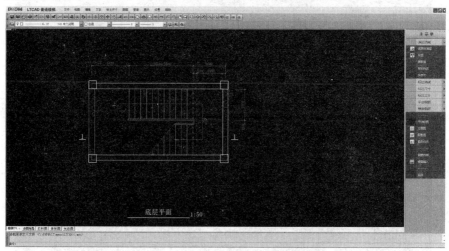

图 7-28 “楼梯钢筋表”界面

7.3 绘制楼梯施工图

选择“施工图”选项，进入“底层平面图”界面，如图 7-29 所示，选择“平法绘图”选项，进入“0－10800 楼梯平面图”界面，如图 7-30 所示，选择“立面图”选项，弹出“1—1 剖面图”，如图 7-31 所示，选择“配筋图”选项，进入“楼梯配筋图”界面，如图 7-32 所示，单击“后—梯跑”选项，进入“后—梯跑楼梯配筋图”界面，如图 7-33 所示。

图 7-29 “底层平面图”界面

选择“施工图”中“图形合并”选项，弹出“图形合并”界面，如图 7-34 所示，选择“插入图形”选项，弹出“插入图形”对话框，如图 7-35 所示，将图 7-35 中的所有图形均插入一张图中，如图 7-36 所示。在插图过程中，选择“图块拖动”选项可以拖动插入的图形。

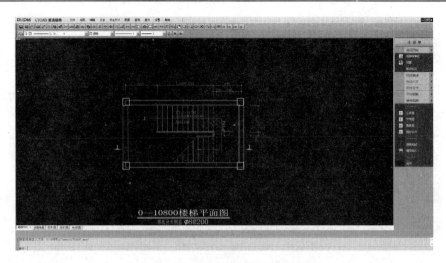

图 7-30 "0－10800 楼梯平面图"界面

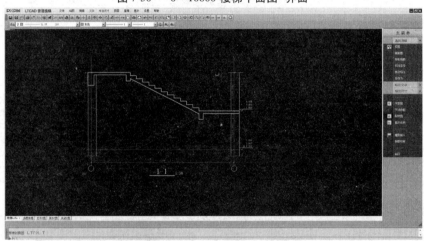

图 7-31 "1—1 剖面图"界面

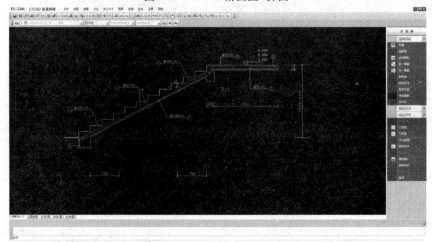

图 7-32 "楼梯配筋图"界面

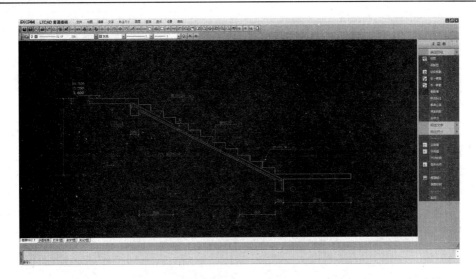

图 7-33 "后一梯跑楼梯配筋图"界面

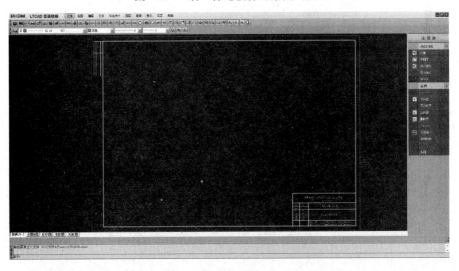

图 7-34 "图形合并"界面

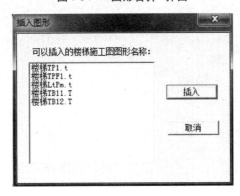

图 7-35 "插入图形"对话框

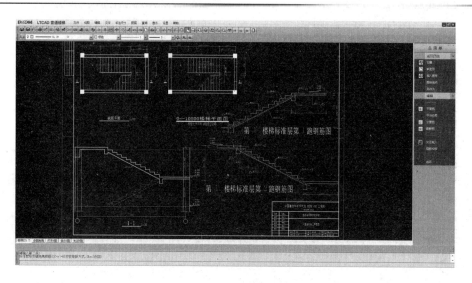

图 7-36　图形合并最终图形

附录　某市高校宿舍楼结构设计计算书

```
/////////////////////////////////////////////////////////////
|公司名称：                                                  |
|                                                            |
|                  建筑结构的总信息                          |
|                   SATWE 中文版                             |
|              2013 年 12 月 16 日 15 时 48 分               |
|                 文件名：WMASS.OUT                          |
|                                                            |
|工程名称 ：            设计人：                              |
|工程代号：            校核人：            日期：2018/ 7/18 |
/////////////////////////////////////////////////////////////
```

总信息 ···

结构材料信息：	钢砼结构
混凝土容重（kN/m3）：	Gc ＝ 25.00
钢材容重（kN/m3）：	Gs ＝ 78.00
水平力的夹角（Degree）	ARF ＝ 0.00
地下室层数：	MBASE ＝ 0
竖向荷载计算信息：	按模拟施工 3 加荷计算
风荷载计算信息：	计算 X,Y 两个方向的风荷载
地震力计算信息：	计算 X,Y 两个方向的地震力
"规定水平力"计算方法：	楼层剪力差方法（规范方法）
结构类别：	框架结构
裙房层数：	MANNEX ＝ 0
转换层所在层号：	MCHANGE ＝ 0
嵌固端所在层号：	MQIANGU ＝ 1
墙元细分最大控制长度(m)	DMAX ＝ 1.00
弹性板细分最大控制长度(m)	DMAX_S ＝ 1.00
弹性板与梁变形是否协调	否
墙元网格：	侧向出口结点
是否对全楼强制采用刚性楼板假定	否
地下室是否强制采用刚性楼板假定：	否
墙梁跨中节点作为刚性楼板的从节点	否
计算墙倾覆力矩时只考虑腹板和有效翼缘	否
采用的楼层刚度算法	层间剪力比层间位移算法
结构所在地区	全国

风荷载信息 ···

修正后的基本风压（kN/m2）：	WO ＝	0.35
风荷载作用下舒适度验算风压（kN/m2）：	WOC ＝	0.35
地面粗糙程度：	C 类	

结构 X 向基本周期(秒):	Tx =	0.28
结构 Y 向基本周期(秒):	Ty =	0.28
是否考虑顺风向风振:	否	
风荷载作用下结构的阻尼比(%):	WDAMP =	5.00
风荷载作用下舒适度验算阻尼比(%):	WDAMPC =	2.00
是否计算横风向风振:	否	
是否计算扭转风振:	否	
承载力设计时风荷载效应放大系数:	WENL =	1.00
体形变化分段数:	MPART =	1
各段最高层号:	NSTI =	3
各段体形系数(X):	USIX =	1.30
各段体形系数(Y):	USIY =	1.30

地震信息 ……………………………………………………………………………

振型组合方法(CQC 耦联;SRSS 非耦联)	CQC	
计算振型数:	NMODE: =	9
地震烈度:	NAF =	7.00
场地类别:	KD =	Ⅱ
设计地震分组:	一组	
特征周期	TG =	0.35
地震影响系数最大值	Rmax1 =	0.08
用于 12 层以下规则砼框架结构薄弱层验算的		
地震影响系数最大值	Rmax2 =	0.50
框架的抗震等级:	NF =	3
剪力墙的抗震等级:	NW =	3
钢框架的抗震等级:	NS =	3
抗震构造措施的抗震等级:	NGZDJ =	不改变
重力荷载代表值的活载组合值系数:	RMC =	0.50
周期折减系数:	TC =	0.70
结构的阻尼比(%):	DAMP =	5.00
中震(或大震)设计:	MID = 不考虑	
是否考虑偶然偏心:	否	
是否考虑双向地震扭转效应:	否	
是否考虑最不利方向水平地震作用:	是	
按主振型确定地震内力符号:	是	
斜交抗侧力构件方向的附加地震数	=	0

活荷载信息……………………………………………………………………………

考虑活荷不利布置的层数	从第 1 到 3 层
柱、墙活荷载是否折减	折算
传到基础的活荷载是否折减	折算

考虑结构使用年限的活荷载调整系数   1.00

－－－－－柱,墙,基础活荷载折减系数－－－－－－

计算截面以上的层数－－－－－－－－－折减系数

1	1.00
2 － － －3	0.85
4 － － －5	0.70
6 － － －8	0.65
9 － － －20	0.60
>20	0.55

调整信息 ···

梁刚度放大系数是否按 2010 规范取值:		是
托墙梁刚度增大系数:	BK_TQL =	1.00
梁端弯矩调幅系数:	BT =	0.85
梁活荷载内力增大系数:	BM =	1.00
连梁刚度折减系数:	BLZ =	0.60
梁扭矩折减系数:	TB =	0.40
全楼地震力放大系数:	RSF =	1.00
0.2V0 调整分段数:	VSEG =	0
0.2V0 调整上限:	KQ_L =	2.00
框支柱调整上限:	KZZ_L =	5.00
顶塔楼内力放大起算层号:	NTL =	0
顶塔楼内力放大:	RTL =	1.00
框支剪力墙结构底部加强区剪力墙抗震等级自动提高一级:否		
柱实配钢筋超配系数	CPCOEF91 =	1.15
墙实配钢筋超配系数	CPCOEF91_W =	1.15
是否按抗震规范 5.2.5 调整楼层地震力	IAUTO525 =	1
弱轴方向的动位移比例因子	XI1 =	0.00
强轴方向的动位移比例因子	XI2 =	0.00
是否调整与框支柱相连的梁内力	IREGU_KZZB =	0
薄弱层判断方式:		按高规和抗规从严判断
强制指定的薄弱层个数	NWEAK =	0
薄弱层地震内力放大系数	WEAKCOEF =	1.25
强制指定的加强层个数	NSTREN =	0

配筋信息 ···

梁箍筋强度(N/mm2):	JB =	360
柱箍筋强度(N/mm2):	JC =	360
墙水平分布筋强度(N/mm2):	FYH =	210

墙竖向分布筋强度(N/mm2)： FYW = 300

边缘构件箍筋强度(N/mm2)： JWB = 210

梁箍筋最大间距(mm)： SB = 100.00

柱箍筋最大间距(mm)： SC = 100.00

墙水平分布筋最大间距（mm)： SWH = 150.00

墙竖向分布筋配筋率(%)： RWV = 0.30

结构底部单独指定墙竖向分布筋配筋率的层数： NSW = 0

结构底部 NSW 层的墙竖向分布配筋率(%)： RWV1 = 0.60

梁抗剪配筋采用交叉斜筋时

箍筋与对角斜筋的配筋强度比： RGX = 1.00

设计信息 ···

结构重要性系数： RWO = 1.00

钢柱计算长度计算原则(X 向/Y 向)： 有侧移/有侧移

梁端在梁柱重叠部分简化： 不作为刚域

柱端在梁柱重叠部分简化： 不作为刚域

是否考虑 P – Delt 效应： 否

柱配筋计算原则： 按单偏压计算

按高规或高钢规进行构件设计： 否

钢构件截面净毛面积比： RN = 0.85

梁保护层厚度(mm)： BCB = 20.00

柱保护层厚度(mm)： ACA = 20.00

剪力墙构造边缘构件的设计执行高规 7.2.16 – 4： 否

框架梁端配筋考虑受压钢筋： 是

结构中的框架部分轴压比限值按纯框架结构的规定采用： 否

当边缘构件轴压比小于抗规 6.4.5 条规定的限值时一律设置构造边缘构件：否

是否按混凝土规范 B.0.4 考虑柱二阶效应： 否

支撑按柱设计临界角度： 20.00

荷载组合信息 ···

恒载分项系数： CDEAD = 1.20

活载分项系数： CLIVE = 1.40

风荷载分项系数： CWIND = 1.40

水平地震力分项系数： CEA_H = 1.30

竖向地震力分项系数： CEA_V = 0.50

温度荷载分项系数： CTEMP = 1.40

吊车荷载分项系数： CCRAN = 1.40

特殊风荷载分项系数： CSPW = 1.40

活荷载的组合值系数：　　　　　　　　　　　　CD_L ＝　　0.70

风荷载的组合值系数：　　　　　　　　　　　　CD_W ＝　　0.60

重力荷载代表值效应的活荷组合值系数：　　　　CEA_L ＝　　0.50

重力荷载代表值效应的吊车荷载组合值系数：　　CEA_C ＝　　0.50

吊车荷载组合值系数：　　　　　　　　　　　　CD_C ＝　　0.70

温度作用的组合值系数：

　　仅考虑恒载、活载参与组合：　　　　　　　CD_TDL ＝　　0.60

　　考虑风荷载参与组合：　　　　　　　　　　CD_TW ＝　　0.00

　　考虑地震作用参与组合：　　　　　　　　　CD_TE ＝　　0.00

砼构件温度效应折减系数：　　　　　　　　　　CC_T ＝　　0.30

剪力墙底部加强区的层和塔信息……………………………………………………

层号　　塔号

　1　　　1

用户指定薄弱层的层和塔信息……………………………………………………

层号　　塔号

用户指定加强层的层和塔信息……………………………………………………

层号　　塔号

约束边缘构件与过渡层的层和塔信息………………………………………………

层号	塔号	类别
1	1	约束边缘构件层
2	1	约束边缘构件层

```
* * * * * * * * * * * * * * * * * * * * * * * * * * * * * * *
*              各层的质量、质心坐标信息                    *
* * * * * * * * * * * * * * * * * * * * * * * * * * * * * * *
```

层号	塔号	质心 X	质心 Y (m)	质心 Z (m)	恒载质量 (t)	活载质量 (t)	附加质量	质量比
3	1	20.677	38.776	11.750	423.9	10.0	0.0	0.68
2	1	20.363	38.850	8.150	599.0	43.2	0.0	0.98
1	1	20.369	38.849	4.550	611.2	43.2	0.0	1.00

活载产生的总质量(t)：　　　　　　　　96.364

恒载产生的总质量(t)：　　　　　　　1634.077

附加总质量(t)：　　　　　　　　　　　0.000

结构的总质量(t)：　　　　　　　　　1730.441

恒载产生的总质量包括结构自重和外加恒载

结构的总质量包括恒载产生的质量和活载产生的质量和附加质量

活载产生的总质量和结构的总质量是活载折减后的结果(1t = 1000kg)

```
* * * * * * * * * * * * * * * * * * * * * * * * * * *
*          各层构件数量、构件材料和层高              *
* * * * * * * * * * * * * * * * * * * * * * * * * * *
```

层号 (标准层号)	塔号	梁元数 (混凝土/主筋)	柱元数 (混凝土/主筋)	墙元数 (混凝土/主筋)	层高 (m)	累计高度 (m)
1(1)	1	110(30/ 360)	32(30/ 360)	0(30/ 300)	4.550	4.550
2(2)	1	110(30/ 360)	32(30/ 360)	0(30/ 300)	3.600	8.150
3(3)	1	112(30/ 360)	32(30/ 360)	0(30/ 300)	3.600	11.750

```
* * * * * * * * * * * * * * * * * * * * * * * * * * *
*                风荷载信息                          *
* * * * * * * * * * * * * * * * * * * * * * * * * * *
```

层号	塔号	风荷载 X	剪力 X	倾覆弯矩 X	风荷载 Y	剪力 Y	倾覆弯矩 Y
3	1	16.82	16.8	60.6	26.83	26.8	96.6
2	1	16.82	33.6	181.7	26.83	53.7	289.8
1	1	21.26	54.9	431.5	33.91	87.6	688.2

```
= = = = = = = = = = = = = = = = = = = = = = = = = = = = =
              各楼层等效尺寸(单位:m,m**2)
= = = = = = = = = = = = = = = = = = = = = = = = = = = = =
```

层号	塔号	面积	形心 X	形心 Y	等效宽 B	等效高 H	最大宽 BMAX	最小宽 BMIN
1	1	400.68	20.68	38.78	25.20	15.90	25.20	15.90
2	1	400.68	20.68	38.78	25.20	15.90	25.20	15.90
3	1	400.68	20.68	38.78	25.20	15.90	25.20	15.90

```
= = = = = = = = = = = = = = = = = = = = = = = = = = = = =
                    计算信息
= = = = = = = = = = = = = = = = = = = = = = = = = = = = =
```

计算日期   : 2018.7.18

开始时间   : 10:0:26

可用内存   : 4000.0MB

第一步:数据预处理

第二步:计算每层刚度中心、自由度、质量等信息

第三步:地震作用分析

第四步:风及竖向荷载分析

第五步:计算杆件内力

结束日期	:	2018.7.18
时间	:	10:0:31
总用时	:	0:0:5

= =

　　　　各层刚心、偏心率、相邻层侧移刚度比等计算信息

Floor No	:	层号
Tower No	:	塔号
Xstif,Ystif	:	刚心的 X,Y 坐标值
Alf	:	层刚性主轴的方向
Xmass,Ymass	:	质心的 X,Y 坐标值
Gmass	:	总质量
Eex,Eey	:	X,Y 方向的偏心率
Ratx,Raty	:	X,Y 方向本层塔侧移刚度与下一层相应塔侧移刚度的比值(剪切刚度)
Ratx1,Raty1	:	X,Y 方向本层塔侧移刚度与上一层相应塔侧移刚度70%的比值或上三层平均侧移刚度80%的比值中之较小者
RJX1,RJY1,RJZ1	:	结构总体坐标系中塔的侧移刚度和扭转刚度(剪切刚度)
RJX3,RJY3,RJZ3	:	结构总体坐标系中塔的侧移刚度和扭转刚度(地震剪力与地震层间位移的比)

= =

Floor No.　　1　　Tower No.　　1

Xstif　=	20.6772(m)	Ystif　=	38.7756(m)　Alf　　　　=45.0000(Degree)
Xmass =	20.3685(m)	Ymass =	38.8486(m)　Gmass(活荷折减)=697.5179(654.3444)(t)
Eex　=	0.0308	Eey　=	0.0073
Ratx　=	1.0000	Raty　=	1.0000
Ratx1 =	0.8902	Raty1 =	1.1052

薄弱层地震剪力放大系数 =1.25

RJX1 =　2.6090E+05(kN/m)　　　RJY1 =2.6090E+05(kN/m)　　RJZ1 =0.0000E+00(kN/m)

RJX3 =　2.2966E+05(kN/m)　　　RJY3 =1.9751E+05(kN/m)　　RJZ3 =0.0000E+00(kN/m)

– –

Floor No.　　2　　Tower No.　　1

Xstif　=	20.6772(m)	Ystif　=	38.7756(m)　Alf　　　　=45.0000(Degree)
Xmass =	20.3630(m)	Ymass =	38.8499(m)　Gmass(活荷折减)=685.3580(642.1845)(t)
Eex　=	0.0314	Eey　=	0.0074
Ratx　=	2.0190	Raty　=	2.0190
Ratx1 =	1.4782	Raty1 =	1.5128

薄弱层地震剪力放大系数 =1.00

RJX1　=　5.2675E + 05(kN/m)　　　RJY1 = 5.2675E + 05(kN/m)　　RJZ1 = 0.0000E + 00(kN/m)

RJX3　=　3.6854E + 05(kN/m)　　　RJY3 = 2.5529E + 05(kN/m)　　RJZ3 = 0.0000E + 00(kN/m)

－ －

Floor No.　　3　　　Tower No.　　1

Xstif　=　20.6772(m)　Ystif =　　38.7755(m)　　　Alf　　　　　=45.0000(Degree)

Xmass　=　20.6772(m)　Ymass=　38.7755(m)　　Gmass(活荷折减) =443.9295(433.9125)(t)

Eex　=　0.0000　　　Eey　=　　0.0000

Ratx　=　1.0000　　　Raty　=　　1.0000

Ratx1　=　1.0000　　　Raty1 =　　1.0000

薄弱层地震剪力放大系数 =1.00

RJX1　=　5.2675E + 05(kN/m)　　　RJY1 = 5.2675E + 05(kN/m)　　　RJZ1 = 0.0000E + 00(kN/m)

RJX3　=　3.5618E + 05(kN/m)　　　RJY3 = 2.4108E + 05(kN/m)　　　RJZ3 = 0.0000E + 00(kN/m)

－ －

X 方向最小刚度比:0.8902(第1层第1塔)

Y 方向最小刚度比:1.0000(第3层第1塔)

== =

结构整体抗倾覆验算结果

== =

	抗倾覆力矩 Mr	倾覆力矩 Mov	比值 Mr/Mov	零应力区(%)
X 风荷载	222892.3	430.1	518.24	0.00
Y 风荷载	139750.0	686.0	203.72	0.00
X 地 震	218035.5	8486.5	25.69	0.00
Y 地 震	136704.9	7551.4	18.10	0.00

== =

结构舒适性验算结果(仅当满足规范适用条件时结果有效)

== =

　按高钢规计算 X 向顺风向顶点最大加速度(m/s2) =　0.029

　按高钢规计算 X 向横风向顶点最大加速度(m/s2) =　0.002

　按荷载规范计算 X 向顺风向顶点最大加速度(m/s2) =　0.022

　按荷载规范计算 X 向横风向顶点最大加速度(m/s2) =　0.001

　按高钢规计算 Y 向顺风向顶点最大加速度(m/s2) =　0.046

　按高钢规计算 Y 向横风向顶点最大加速度(m/s2) =　0.002

　按荷载规范计算 Y 向顺风向顶点最大加速度(m/s2) =　0.034

　按荷载规范计算 Y 向横风向顶点最大加速度(m/s2) =　0.002

```
= = = = = = = = = = = = = = = = = = = = = = = = = = = = = = = = = = = = = =
    结构整体稳定验算结果
= = = = = = = = = = = = = = = = = = = = = = = = = = = = = = = = = = = = = =
```

层号	X 向刚度	Y 向刚度	层高	上部重量	X 刚重比	Y 刚重比
1	0.230E + 06	0.198E + 06	4.55	22307.	46.84	40.29
2	0.369E + 06	0.255E + 06	3.60	13764.	96.39	66.77
3	0.356E + 06	0.241E + 06	3.60	5367.	238.90	161.70

该结构刚重比 Di * Hi/Gi 大于 10,能够通过高规(5.4.4)的整体稳定验算

该结构刚重比 Di * Hi/Gi 大于 20,可以不考虑重力二阶效应

```
* * * * * * * * * * * * * * * * * * * * * * * * * * * * * * * *
*           楼层抗剪承载力、及承载力比值                        *
* * * * * * * * * * * * * * * * * * * * * * * * * * * * * * * *
```

Ratio_Bu:表示本层与上一层的承载力之比

层号	塔号	X 向承载力	Y 向承载力	Ratio_Bu:X,Y	
3	1	0.1956E + 04	0.1956E + 04	1.00	1.00
2	1	0.2694E + 04	0.3292E + 04	1.38	1.68
1	1	0.3085E + 04	0.3382E + 04	1.15	1.03

X 方向最小楼层抗剪承载力之比:　　1.00 层号:　　3 塔号:　1

Y 方向最小楼层抗剪承载力之比:　　1.00 层号:　　3 塔号:　1

```
= = = = = = = = = = = = = = = = = = = = = = = = = = = = = = = = = = = = = =
              周期、地震力与振型输出文件
                  (总刚分析方法)
= = = = = = = = = = = = = = = = = = = = = = = = = = = = = = = = = = = = = =
```
考虑扭转耦联时的振动周期(秒)、X,Y 方向的平动系数、扭转系数

振型号	周期	转角	平动系数(X + Y)	扭转系数
1	0.7014	89.86	0.99 (0.00 + 0.99)	0.01
2	0.6295	177.49	0.79 (0.79 + 0.00)	0.21
3	0.6249	8.64	0.22 (0.21 + 0.01)	0.78
4	0.2202	89.87	0.99 (0.00 + 0.99)	0.01
5	0.1998	178.59	0.93 (0.93 + 0.00)	0.07
6	0.1977	16.77	0.08 (0.07 + 0.01)	0.92
7	0.1322	89.42	0.98 (0.00 + 0.98)	0.02
8	0.1266	178.89	1.00 (1.00 + 0.00)	0.00
9	0.1210	64.60	0.02 (0.00 + 0.02)	0.98

地震作用最大的方向　=　89.941(度)

= =

仅考虑 X 向地震作用时的地震力

Floor：层号

Tower：塔号

F - x - x：X 方向的耦联地震力在 X 方向的分量

F - x - y：X 方向的耦联地震力在 Y 方向的分量

F - x - t：X 方向的耦联地震力的扭矩

振型　1 的地震力
- -

Floor	Tower	F - x - x (kN)	F - x - y (kN)	F - x - t (kN - m)
3	1	0.00	0.79	- 0.57
2	1	0.00	1.00	- 0.75
1	1	0.00	0.65	- 0.51

振型　2 的地震力
- -

Floor	Tower	F - x - x (kN)	F - x - y (kN)	F - x - t (kN - m)
3	1	264.55	- 15.31	- 1288.64
2	1	345.08	- 12.72	- 1669.69
1	1	243.07	- 7.99	- 1116.07

振型　3 的地震力
- -

Floor	Tower	F - x - x (kN)	F - x - y (kN)	F - x - t (kN - m)
3	1	72.40	14.53	1297.27
2	1	92.51	11.70	1678.94
1	1	65.28	7.32	1122.35

振型　4 的地震力
- -

Floor	Tower	F - x - x (kN)	F - x - y (kN)	F - x - t (kN - m)
3	1	0.00	- 0.20	0.18
2	1	0.00	0.05	0.02
1	1	0.00	0.30	- 0.22

振型 5 的地震力

Floor	Tower	F − x − x (kN)	F − x − y (kN)	F − x − t (kN − m)
3	1	− 78.08	2.19	197.17
2	1	8.49	− 1.04	− 32.95
1	1	116.37	− 2.52	− 290.45

振型 6 的地震力

Floor	Tower	F − x − x (kN)	F − x − y (kN)	F − x − t (kN − m)
3	1	− 5.81	− 1.99	− 195.85
2	1	0.75	0.99	37.57
1	1	8.51	2.22	291.51

振型 7 的地震力

Floor	Tower	F − x − x (kN)	F − x − y (kN)	F − x − t (kN − m)
3	1	0.00	0.15	− 0.25
2	1	0.00	− 0.30	0.38
1	1	0.00	0.20	− 0.22

振型 8 的地震力

Floor	Tower	F − x − x (kN)	F − x − y (kN)	F − x − t (kN − m)
3	1	15.91	− 0.28	− 10.25
2	1	− 30.89	0.59	17.87
1	1	18.44	− 0.40	− 11.30

振型 9 的地震力

Floor	Tower	F − x − x (kN)	F − x − y (kN)	F − x − t (kN − m)
3	1	0.07	0.14	9.47
2	1	− 0.14	− 0.29	− 19.12
1	1	0.09	0.20	12.34

各振型作用下 X 方向的基底剪力

振型号	剪力(kN)
1	0.01
2	852.69

3	230.19
4	0.00
5	46.78
6	3.45
7	0.00
8	3.47
9	0.02

X 向地震作用参与振型的有效质量系数

- -

振型号	有效质量系数(%)
1	0.00
2	75.78
3	20.32
4	0.00
5	3.38
6	0.25
7	0.00
8	0.27
9	0.00

各层 X 方向的作用力(CQC)

Floor	:	层号
Tower	:	塔号
Fx	:	X 向地震作用下结构的地震反应力
Vx	:	X 向地震作用下结构的楼层剪力
Mx	:	X 向地震作用下结构的弯矩
Static Fx	:	底部剪力法 X 向的地震力

- -

Floor	Tower	Fx (kN)	Vx(分塔剪重比) (kN)	(整层剪重比)	Mx (kN - m)	Static Fx (kN)
			(注意:下面分塔输出的剪重比不适合于上连多塔结构)			
3	1	346.69	346.69(7.99%)	(7.99%)	1248.09	450.76
2	1	438.34	777.18(7.22%)	(7.22%)	4034.98	462.72
1	1	333.91	1083.39(6.26%)	(6.26%)	8925.10	263.22

抗震规范(5.2.5)条要求的 X 向楼层最小剪重比 = 1.60%

X 方向的有效质量系数:100.00%

= =

仅考虑 Y 向地震时的地震力

Floor	:	层号
Tower	:	塔号
F - y - x	:	Y 方向的耦联地震力在 X 方向的分量

F − y − y ： Y 方向的耦联地震力在 Y 方向的分量

F − y − t ： Y 方向的耦联地震力的扭矩

振型 1 的地震力

Floor	Tower	F − y − x (kN)	F − y − y (kN)	F − y − t (kN − m)
3	1	0.62	310.31	− 224.10
2	1	1.07	392.77	− 297.04
1	1	0.74	255.15	− 201.29

振型 2 的地震力

Floor	Tower	F − y − x (kN)	F − y − y (kN)	F − y − t (kN − m)
3	1	− 11.17	0.65	54.43
2	1	− 14.58	0.54	70.53
1	1	− 10.27	0.34	47.14

振型 3 的地震力

Floor	Tower	F − y − x (kN)	F − y − y (kN)	F − y − t (kN − m)
3	1	10.55	2.12	189.10
2	1	13.48	1.71	244.73
1	1	9.52	1.07	163.60

振型 4 的地震力

Floor	Tower	F − y − x (kN)	F − y − y (kN)	F − y − t (kN − m)
3	1	− 0.21	− 98.37	87.18
2	1	− 0.03	22.98	8.73
1	1	0.38	144.88	− 104.11

振型 5 的地震力

Floor	Tower	F − y − x (kN)	F − y − y (kN)	F − y − t (kN − m)
3	1	2.27	− 0.06	− 5.73
2	1	− 0.25	0.03	0.96
1	1	− 3.38	0.07	8.45

振型 6 的地震力

Floor	Tower	F − y − x (kN)	F − y − y (kN)	F − y − t (kN − m)

3	1	− 2.05	− 0.70	− 69.26
2	1	0.26	0.35	13.29
1	1	3.01	0.79	103.10

振型 7 的地震力

Floor	Tower	F − y − x (kN)	F − y − y (kN)	F − y − t (kN − m)
3	1	0.23	20.73	− 35.58
2	1	− 0.43	− 42.24	53.62
1	1	0.25	28.14	− 31.09

振型 8 的地震力

Floor	Tower	F − y − x (kN)	F − y − y (kN)	F − y − t (kN − m)
3	1	− 0.44	0.01	0.28
2	1	0.85	− 0.02	− 0.49
1	1	− 0.51	0.01	0.31

振型 9 的地震力

Floor	Tower	F − y − x (kN)	F − y − y (kN)	F − y − t (kN − m)
3	1	0.20	0.40	27.88
2	1	− 0.41	− 0.85	− 56.26
1	1	0.25	0.59	36.33

各振型作用下 Y 方向的基底剪力

振型号	剪力(kN)
1	958.23
2	1.52
3	4.89
4	69.50
5	0.04
6	0.43
7	6.63
8	0.00
9	0.14

Y 向地震作用参与振型的有效质量系数

振型号	有效质量系数(%)
1	93.87
2	0.14
3	0.43
4	5.02

5	0.00
6	0.03
7	0.50
8	0.00
9	0.01

各层 Y 方向的作用力（CQC）

Floor	:	层号
Tower	:	塔号
Fy	:	Y 向地震作用下结构的地震反应力
Vy	:	Y 向地震作用下结构的楼层剪力
My	:	Y 向地震作用下结构的弯矩
Static Fy	:	底部剪力法 Y 向的地震力

-- --

Floor	Tower	Fy （kN）	Vy（分塔剪重比） （kN）	（整层剪重比）	My （kN－m）	Static Fy （kN）

（注意：下面分塔输出的剪重比不适合于上连多塔结构）

Floor	Tower	Fy	Vy（分塔剪重比）	（整层剪重比）	My	Static Fy
3	1	326.75	326.75（7.53%）	（7.53%）	1176.29	516.04
2	1	396.69	709.25（6.59%）	（6.59%）	3710.34	412.16
1	1	296.78	964.01（5.57%）	（5.57%）	8037.48	234.46

抗震规范(5.2.5)条要求的 Y 向楼层最小剪重比 ＝ 1.60%

Y 方向的有效质量系数：100.00%

＝＝＝＝＝＝ 各楼层地震剪力系数调整情况［抗震规范(5.2.5)验算］ ＝＝＝＝＝＝

层号	塔号	X 向调整系数	Y 向调整系数
1	1	1.000	1.000
2	1	1.000	1.000
3	1	1.000	1.000

＊＊本文件结果是在地震外力 CQC 下的统计结果，内力 CQC 统计结果见 WV02Q.OUT

```
/////////////////////////////////////////////////////////////////
|公司名称：                                                       |
|                                                                 |
|                    SATWE 位移输出文件|                          |
|                    文件名：WDISP. OUT                           |
|                                                                 |
|工程名称：                      设计人：                          |
|工程代号：                      校核人：          日期:2018/ 7/18 |
/////////////////////////////////////////////////////////////////
```

所有位移的单位为毫米

Floor	:	层号

Floor   ： 层号

Tower   ： 塔号

Jmax   ： 最大位移对应的节点号

JmaxD   ： 最大层间位移对应的节点号

Max – (Z)   ： 节点的最大竖向位移

h   ： 层高

Max – (X), Max – (Y)   ： X,Y 方向的节点最大位移

Ave – (X), Ave – (Y)   ： X,Y 方向的层平均位移

Max – Dx , Max – Dy   ： X,Y 方向的最大层间位移

Ave – Dx , Ave – Dy   ： X,Y 方向的平均层间位移

Ratio – (X), Ratio – (Y)   ： 最大位移与层平均位移的比值

Ratio – Dx, Ratio – Dy   ： 最大层间位移与平均层间位移的比值

Max – Dx/h, Max – Dy/h   ： X,Y 方向的最大层间位移角

DxR/Dx, DyR/Dy   ： X,Y 方向的有害位移角占总位移角的百分比例

Ratio_AX, Ratio_AY   ： 本层位移角与上层位移角的 1.3 倍及上三层平均位移角的 1.2 倍的比值的大者

X – Disp, Y – Disp, Z – Disp ： 节点 X,Y,Z 方向的位移

＝ ＝ ＝工况 1 ＝ ＝ ＝ X 方向地震作用下的楼层最大位移

Floor	Tower	Jmax	Max – (X)	Ave – (X)	h		
		JmaxD	Max – Dx	Ave – Dx	Max – Dx/h	DxR/Dx	Ratio_AX
3	1	170	7.80	7.77	3600.		
		170	0.98	0.97	1/3690.	99.9%	1.00
2	1	105	6.85	6.82	3600.		
		105	2.12	2.11	1/1698.	77.0%	1.67
1	1	40	4.74	4.72	4550.		
		40	4.74	4.72	1/ 960.	99.9%	2.02

X 方向最大层间位移角　　　　　　　1/ 960.（第　1 层第　1 塔）

＝ ＝ ＝工况 2 ＝ ＝ ＝Y 方向地震作用下的楼层最大位移

Floor	Tower	Jmax	Max－(Y)	Ave－(Y)	h			
		JmaxD	Max－Dy	Ave－Dy	Max－Dy/h	DyR/Dy		Ratio_AY
3	1	163	9.56	8.97	3600.			
		163	1.42	1.36	1/2532.	99.9%		1.00
2	1	98	8.17	7.65	3600.			
		98	2.96	2.78	1/1218.	39.0%		1.58
1	1	33	5.24	4.89	4550.			
		33	5.24	4.89	1/ 869.	99.9%		1.56

Y 方向最大层间位移角　　　　　　　1/ 869.（第　1 层第　1 塔）

＝ ＝ ＝工况 3 ＝ ＝ ＝X 方向风荷载作用下的楼层最大位移

Floor	Tower	Jmax	Max－(X)	Ave－(X)	Ratio－(X)	h		
		JmaxD	Max－Dx	Ave－Dx	Ratio_Dx	Max－Dx/h	DxR/Dx	Ratio_AX
3	1	170	0.38	0.38	1.00	3600.		
		170	0.05	0.05	1.00	1/9999.	99.9%	1.00
2	1	105	0.33	0.33	1.00	3600.		
		105	0.09	0.09	1.00	1/9999.	99.9%	1.54
1	1	40	0.24	0.24	1.00	4550.		
		96	0.24	0.24	1.00	1/9999.	99.9%	2.24

X 方向最大层间位移角：　　　　　　　　　　　　　　　1/9999.（第　3 层第　1 塔）
X 方向最大位移与层平均位移的比值：　　　　　　　　　1.00（第　3 层第　1 塔）
X 方向最大层间位移与平均层间位移的比值：　　　　　　1.00（第　2 层第　1 塔）

＝ ＝ ＝工况 4 ＝ ＝ ＝Y 方向风荷载作用下的楼层最大位移

Floor	Tower	Jmax	Max－(Y)	Ave－(Y)	Ratio－(X)	h		
		JmaxD	Max－Dy	Ave－Dy	Ratio_Dy	Max－Dy/h	DxR/Dy	Ratio_AY
3	1	163	0.77	0.77	1.00	3600.		
		170	0.11	0.11	1.00	1/9999.	99.9%	1.00
2	1	98	0.66	0.66	1.00	3600.		
		98	0.22	0.22	1.00	1/9999.	56.7%	1.54
1	1	33	0.44	0.44	1.00	4550.		
		40	0.44	0.44	1.00	1/9999.	99.9%	1.74

Y 方向最大层间位移角：　　　　　　　　　　　　　　　1/9999.（第　3 层第　1 塔）
Y 方向最大位移与层平均位移的比值：　　　　　　　　　1.00（第　3 层第　1 塔）
Y 方向最大层间位移与平均层间位移的比值：　　　　　　1.00（第　2 层第　1 塔）

= = =工况 5 = = =竖向恒载作用下的楼层最大位移

Floor	Tower	Jmax	Max – (Z)
3	1	177	– 2. 05
2	1	107	– 2. 85
1	1	71	– 2. 83

= = =工况 6 = = =竖向活载作用下的楼层最大位移

Floor	Tower	Jmax	Max – (Z)
3	1	200	– 0. 18
2	1	135	– 0. 50
1	1	70	– 0. 49

= = =工况 7 = = =X 方向地震作用规定水平力下的楼层最大位移

Floor	Tower	Jmax	Max – (X)	Ave – (X)	Ratio – (X)	h
		JmaxD	Max – Dx	Ave – Dx	Ratio – Dx	
3	1	170	7. 84	7. 80	1. 00	3600.
		226	0. 98	0. 98	1. 00	
2	1	105	6. 86	6. 83	1. 01	3600.
		105	2. 12	2. 11	1. 01	
1	1	40	4. 74	4. 72	1. 00	4550.
		40	4. 74	4. 72	1. 00	

X 方向最大位移与层平均位移的比值：　　　　　　　　　　　1. 01(第　2 层第　1 塔)
X 方向最大层间位移与平均层间位移的比值：　　　　　　　1. 01(第　2 层第　1 塔)

= = =工况 8 = = = Y 方向地震作用规定水平力下的楼层最大位移

Floor	Tower	Jmax	Max – (Y)	Ave – (Y)	Ratio – (Y)	h
		JmaxD	Max – Dy	Ave – Dy	Ratio – Dy	
3	1	163	9. 20	9. 02	1. 02	3600.
		163	1. 37	1. 36	1. 00	
2	1	98	7. 83	7. 66	1. 02	3600.
		98	2. 84	2. 78	1. 02	
1	1	33	4. 99	4. 88	1. 02	4550.
		33	4. 99	4. 88	1. 02	

Y 方向最大位移与层平均位移的比值：　　　　　　　　　　　1. 02(第　1 层第　1 塔)
Y 方向最大层间位移与平均层间位移的比值：　　　　　　　1. 02(第　1 层第　1 塔)

第 3 层配筋、验算

第 2 层配筋、验算

第 1 层配筋、验算

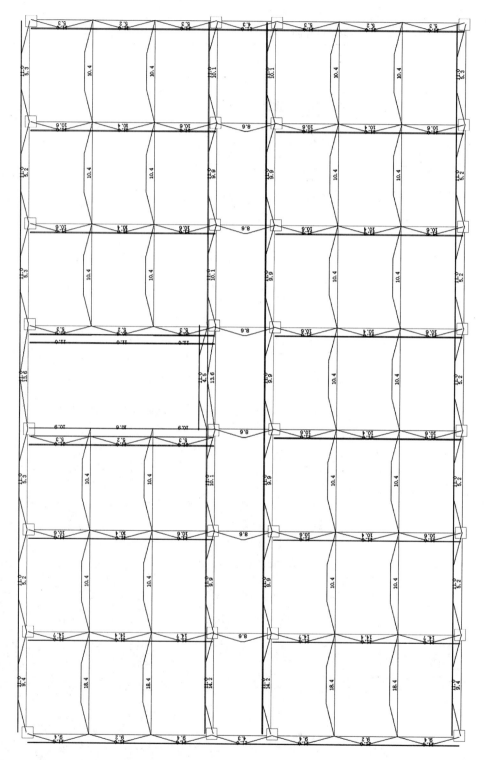

第 1 层恒载简图　（单位：kN，kN/m）

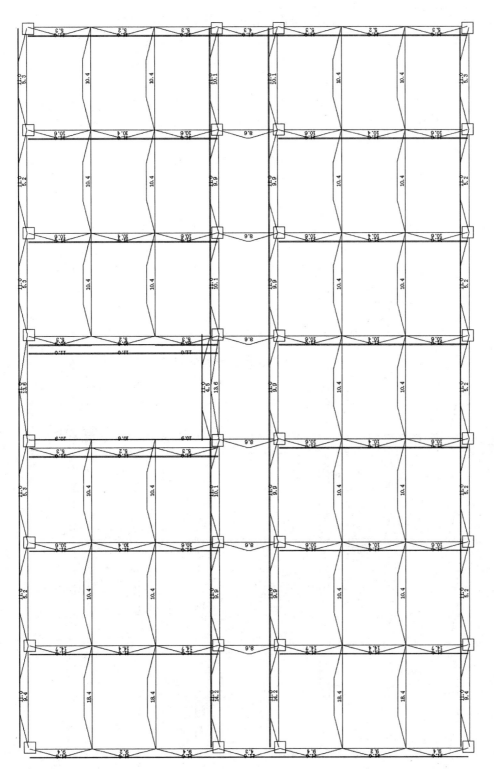

第 2 层恒载简图　（单位：kN，kN/m）

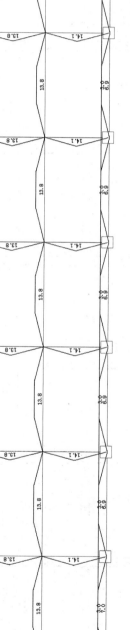

第 3 层恒载简图　（单位：kN，kN/m）

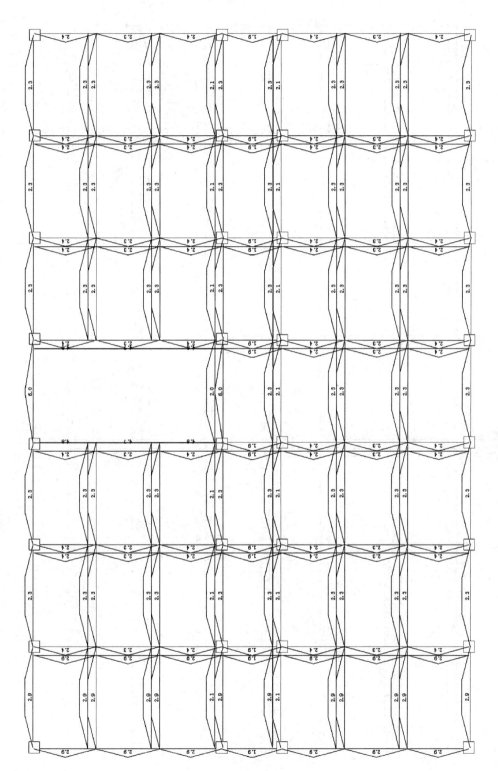

第 1 层活载简图 （单位：kN，kN/m）

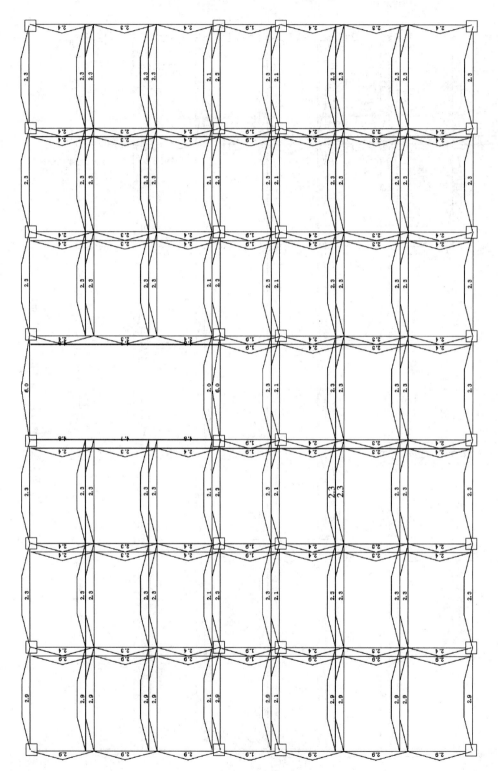

第 2 层活载简图 （单位：kN，kN/m）

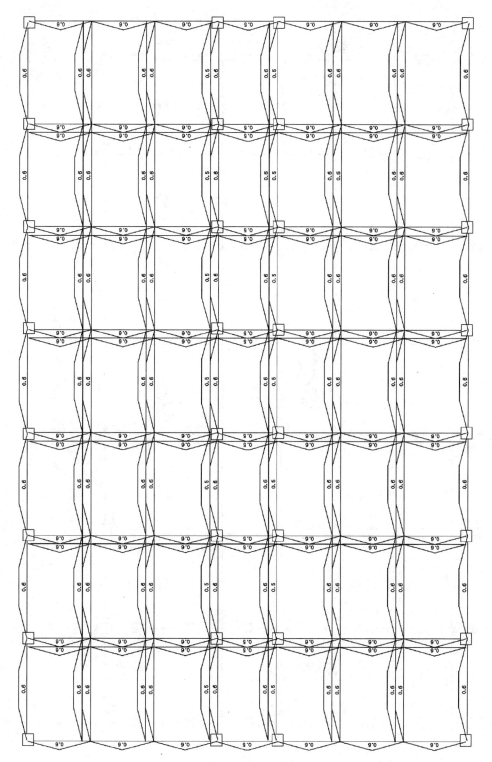

第 3 层活载简图　（单位：kN，kN/m）

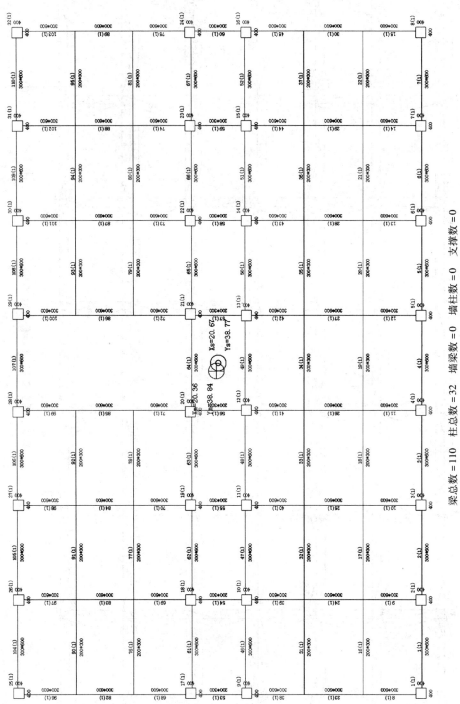

第 1 层墙柱、墙梁编号及节点简图

梁总数 =110 柱总数 =32 墙柱数 =32 墙梁数 =0 墙柱数 =0 支撑数 =0

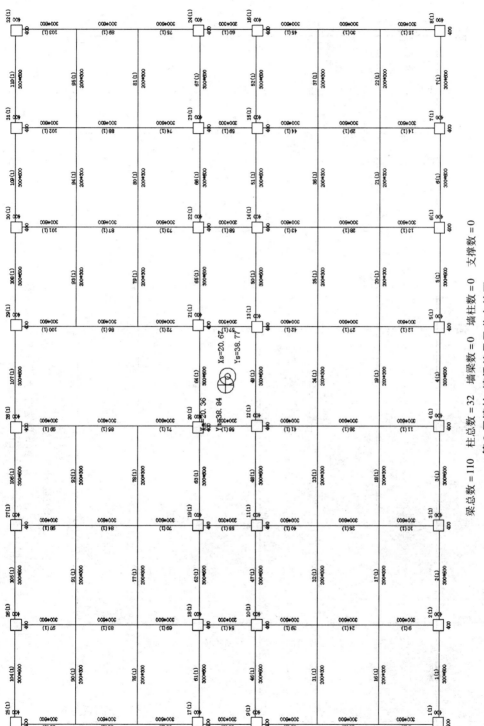

第 2 层墙柱、墙梁编号及节点简图

梁总数 = 110　　柱总数 = 32　　墙梁数 = 0　　墙柱数 = 0　　支撑数 = 0

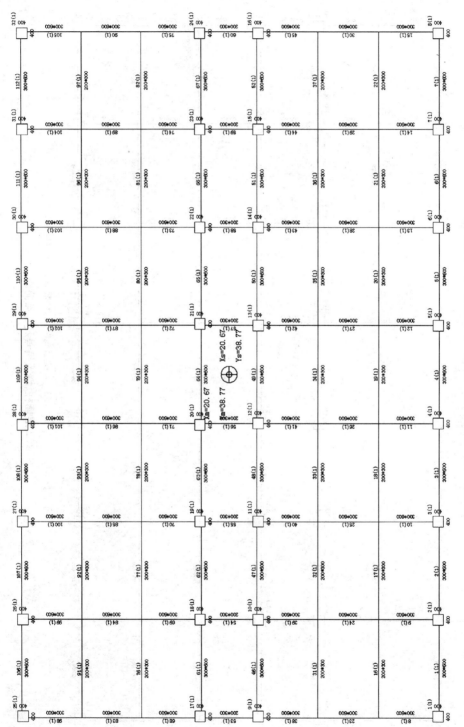

梁总数 = 112 柱总数 = 32 墙梁数 = 0 墙柱数 = 0 支撑数 = 0

第 3 层墙柱、墙梁编号及节点简图

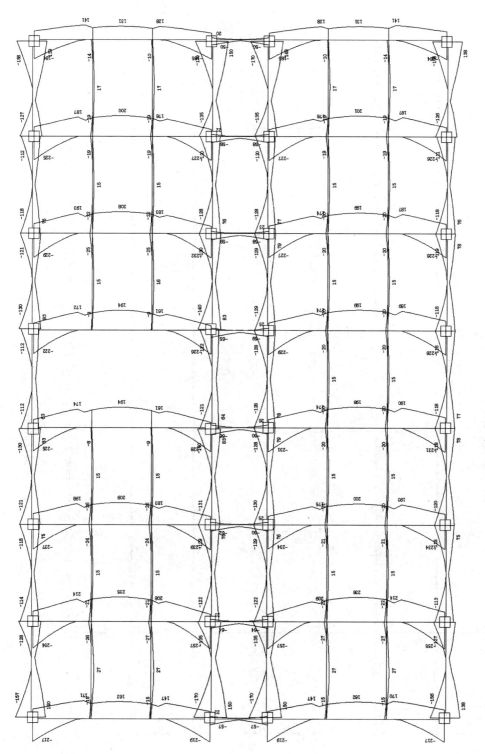

第 1 层梁截面设计弯矩包络图（单位:kN·m）

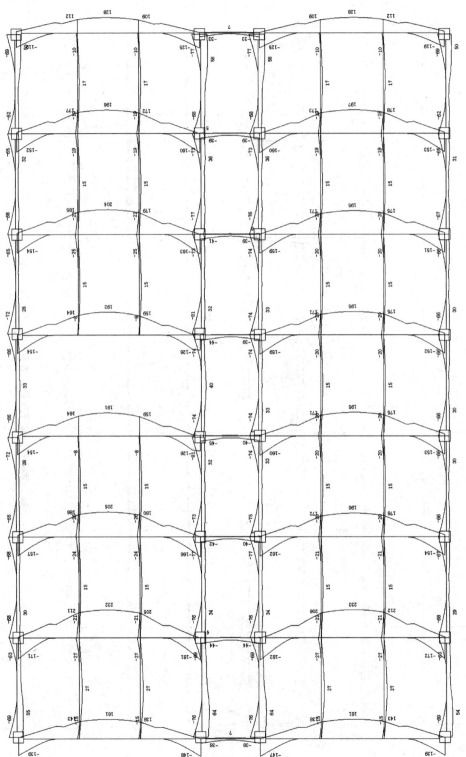

第 2 层梁截面设计弯矩包络图　（单位：kN·m）

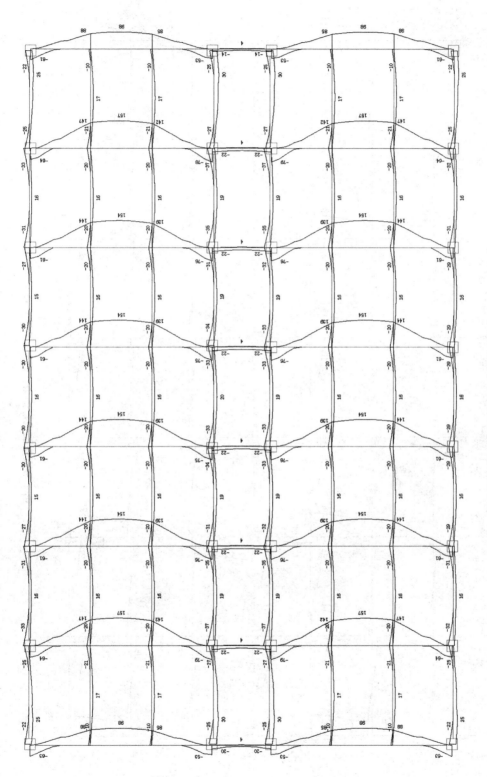

第 3 层梁截面设计弯矩包络图 （单位:kN·m）

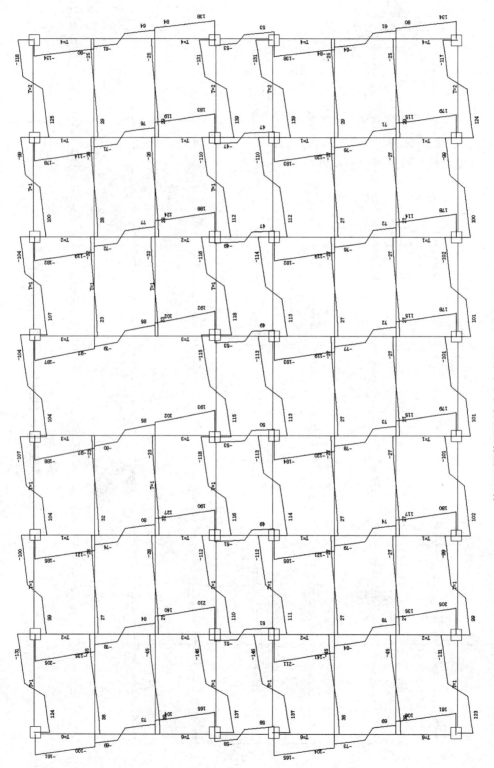

第 1 层梁截面设计剪力包络图 （单位：kN）

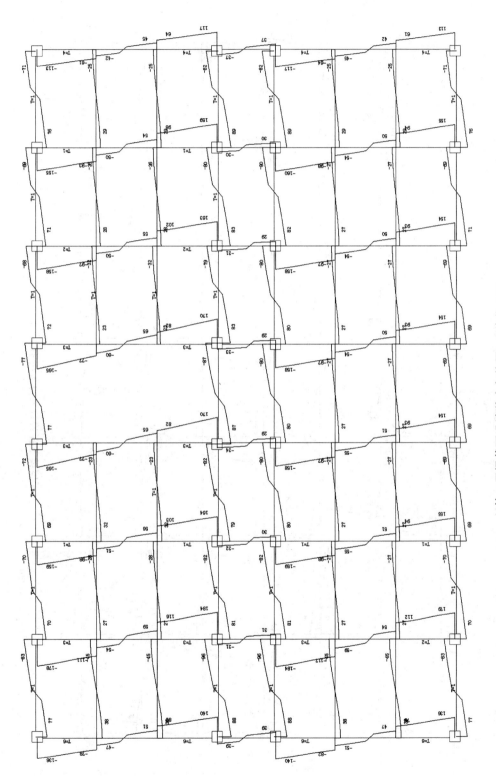

第 2 层梁截面设计剪力包络图 （单位：kN）

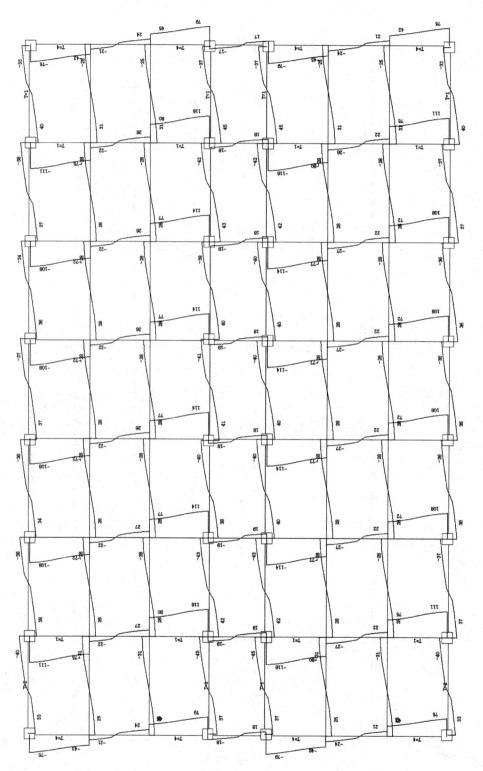

第 3 层梁截面设计剪力包络图 （单位：kN）

本层：层高 = 4550（mm）　梁总数 = 110　柱总数 = 32　支撑数 = 0

墙总数 = 0　墙柱数 = 0　墙梁数 = 0

混凝土强度等级：梁 Cb = 30　柱 Cc = 30　墙 Cw = 30

主筋强度：梁 FIB = 360　柱 FIC = 360　墙 FIW = 270

（白色墙体为短肢剪力墙）

第 1 层混凝土构件配筋及钢构件应力比简图 （单位：cm×cm）

本层:层高 = 3600(mm)　　梁总数 = 110　　柱总数 = 32　　支撑数 = 0

墙总数 = 0　　墙柱数 = 0　　墙梁数 = 0

混凝土强度等级:梁 Cb = 30　　柱 Cc = 30　　墙 Cw = 30

主筋强度:梁 FIB = 360　　柱 FIC = 360　　墙 FIW = 270

(白色墙体为短肢剪力墙)

第 2 层混凝土构件配筋及钢件应力比简图　(单位:cm × cm)

本层:层高=3600(mm)

梁总数=112 柱总数=32 支撑数=0

墙总数=0 墙柱数=0 墙梁数=0

混凝土强度等级:梁 Cb=30 柱 Cc=30 墙 Cw=30

主筋强度:梁 FIB=360 柱 FIC=360 墙 FIW=270

(白色墙体为短肢剪力墙)

第3层混凝土构件配筋及钢构件应力比简图 (单位:cm×cm)

参 考 文 献

[1] 曹云,孟云梅. 土木工程专业毕业设计教学改革与实践[J]. 中国电力教育,2012(28):117 – 118.

[2] 孙文彬. 土木工程专业毕业设计教学改革与实践[J]. 长沙大学学报,2006,20(5):101 – 104.

[3] 陈占锋,向娟. 结构设计软件应用——PKPM[M]. 2 版. 武汉:武汉大学出版社,2017.

[4] 中华人民共和国建设部,中华人民共和国国家质量监督检验检疫总局. 建筑结构可靠度设计统一标准:GB 50068—2001.[S]. 北京:中国建筑工业出版社, 2001.

[5] 中华人民共和国住房和城乡建设部,中华人民共和国国家质量监督检验检疫总局. 混凝土结构耐久性设计规范:GB/T 50476—2008.[S]. 北京:中国建筑工业出版社, 2008.

[6] 中华人民共和国住房和城乡建设部,中华人民共和国国家质量监督检验检疫总局. 混凝土结构设计规范(2015 年版):GB 50010—2010.[S]. 北京:中国建筑工业出版社, 2010.

[7] 中华人民共和国住房和城乡建设部,中华人民共和国国家质量监督检验检疫总局. 建筑结构荷载规范:GB 50009—2012[S]. 北京:中国建筑工业出版社,2012.

[8] 中华人民共和国住房和城乡建设部,中华人民共和国国家质量监督检验检疫总局. 建筑抗震设计规范:GB 50011—2010.[S]. 北京:中国建筑工业出版社, 2010.

[9] 中华人民共和国住房和城乡建设部,中华人民共和国国家质量监督检验检疫总局. 建筑工程抗震设防分类标准:GB 50223—2008.[S]. 北京:中国建筑工业出版社, 2008.

[10] 中华人民共和国住房和城乡建设部. 高层建筑混凝土结构技术规程:JGJ 3—2010.[S]. 北京:中国建筑工业出版社, 2010.

[11] 中华人民共和国住房和城乡建设部. 高层民用建筑钢结构技术规程:JGJ 99—2015.[S]. 北京:中国建筑工业出版社, 2015.

[12] 中华人民共和国住房和城乡建设部,中华人民共和国国家质量监督检验检疫总局. 钢结构设计规范:GB50017—2017.[S]. 北京:中国建筑工业出版社, 2017.

[13] 中华人民共和国住房和城乡建设部,中华人民共和国国家质量监督检验检疫总局. 建筑地基基础设计规范:GB 50007—2011.[S]. 北京:中国建筑工业出版社, 2011.

[14] 中国建筑科学研究院,建筑工程软件研究所. PKPM 多高层结构计算软件应用指南[M]. 北京:中国建筑工业出版社,2010.

[15] 张宇鑫,张星源. PKPM 结构设计应用[M]. 上海:同济大学出版社,2006.

[16] 杨星. PKPM 结构软件从入门到精通[M]. 北京:中国建筑工业出版社,2008.

[17] 范小平. PKPM 软件在建筑结构设计中应注意的问题[J]. 重庆建筑,2008,52(2):28-30.